マコト★カガク研究団

研究室
アット何を見てるの？
おもしろいニャ～
SFアニメだよ
主人公たちが宇宙でブラックホールを見つけたり宇宙人に出会ったりするんだ！
おもしろいの？ブラックホールや宇宙人なんて空想のものでしょう？
空想じゃないよ！
どっちも宇宙に実在するんだ！

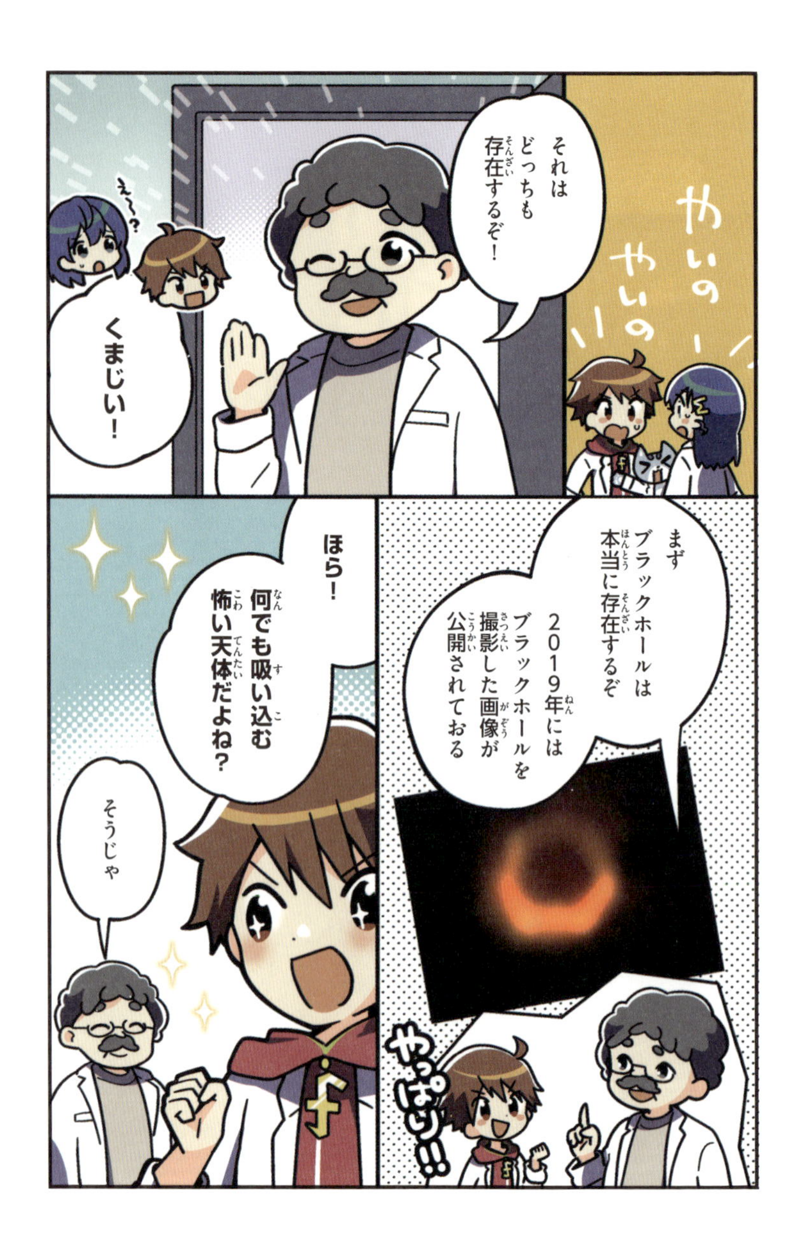

やいの やいの ー
それは どっちも 存在するぞ！
え〜？
くまじい！
まず ブラックホールは 本当に存在するぞ
2019年には ブラックホールを 撮影した画像が 公開されておる
やっぱり!!
ほら！ 何でも吸い込む 怖い天体だよね？
そうじゃ

この宇宙には無数のブラックホールがあるんじゃ
はいっ
はい
宇宙人はどうなんだニャ!?
今のところ地球以外の天体で生命は見つかっておらん
ジーーーーーン
やっぱり!
じゃがこの広大な宇宙のどこかには生命がおるじゃろう
生命の痕跡を見つけるための観測や探査はさかんに行われているぞ!

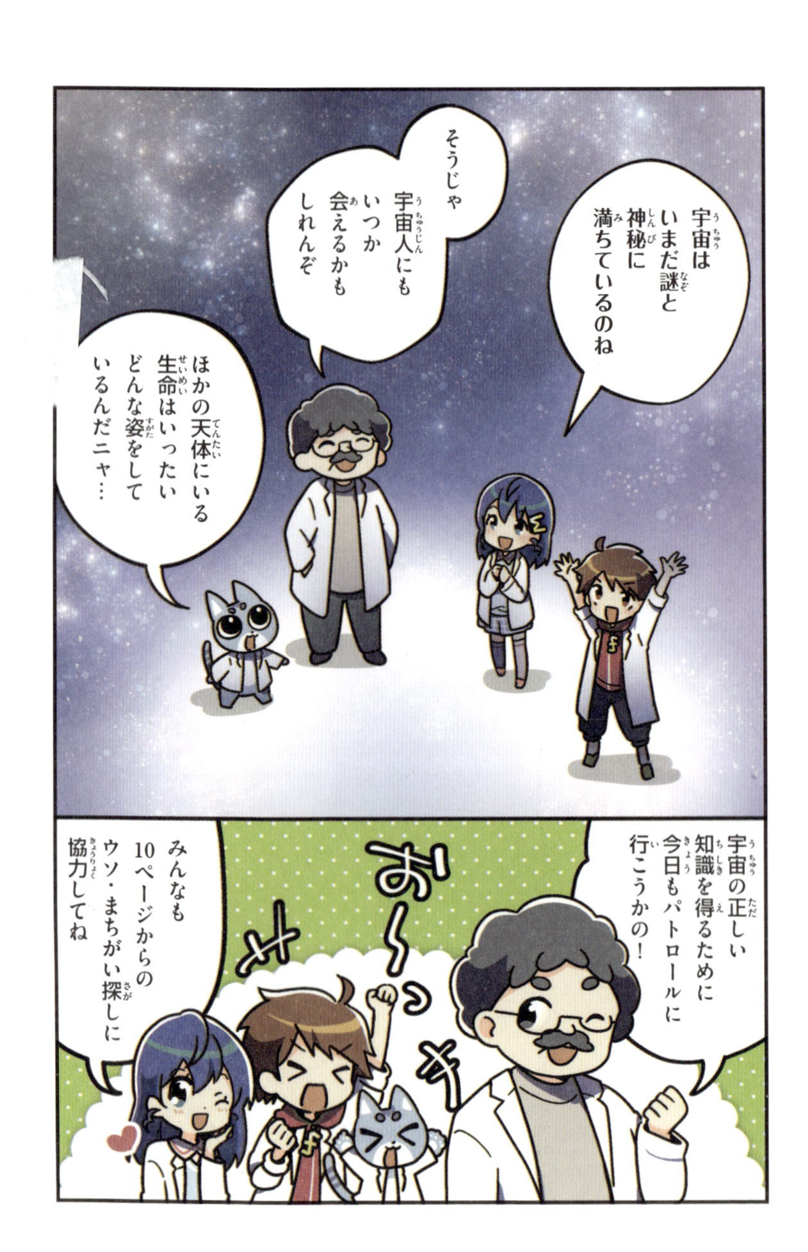
宇宙はいまだ謎と神秘に満ちているのね
そうじゃ宇宙人にもいつか会えるかもしれんぞ
ほかの天体にいる生命はいったいどんな姿をしているんだニャ…
宇宙の正しい知識を得るために今日もパトロールに行こうかの！
みんなも10ページからのウソ・まちがい探しに協力してね

本書の使い方

1 マンガを読む

2 ウソを推理…

はじめての人▼
会話をよく読んで、
ウソを見抜く

◀天才を目指す人
ウソを見抜いたら、
正しい答えを想像する

3 答えあわせ！

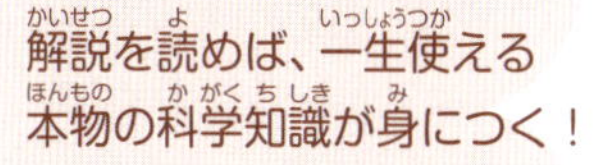

解説を読めば、一生使える
本物の科学知識が身につく！

マンガのセリフを正しいもの
に書きかえれば、自分だけの
“知識ずかん”ができあがる！

大人の方へ

●インターネットが普及して久しいですが、そのおかげで私たちは場所や時間を問わず、さまざまなことを手軽に調べられるようになりました。一方で、ウェブ上の情報には、ウソやまちがいが多いのも事実です（無意識・意図的・思いこみをふくむ）。●たとえば世間では、たびたび新しいダイエット法がブームになりますね。また、ひとたび大きな地震が発生すると「○日に、○○で地震がおきるからにげたほうがいい」などといった情報が、SNSを介して広がることもあります。●今の例でいえば、体や栄養素のことをよく知っていれば、特定の食品だけを食べつづけたり、特定の栄養素を摂取しないようにしつづけたりすることが、いかに危険であるかがわかるはずです。そして地震の発生についても、現在の技術では、時間や場所をピンポイントで特定できるほど正確な予測はできないという事実を知っているだけでも、自身のとるべき行動を決めやすくなるでしょう。●正しい科学知識は、情報にかくれたウソやまちがいに気づくための武器となり、力となります。本書を通じて、お子様がそれらを身につけるお手伝いができれば幸いです。

もくじ

ミッション01　太陽系をめぐる旅……10

01 宇宙旅行へGO／02 地球は太陽系の一員／03 しゃくねつの太陽／
04 しわだらけの水星／05 とっても暑い金星／06 私たちのくらす地球／
07 地球のあいぼう、月／08 赤い大地の火星／09 一番大きな惑星、木星／
10 ペラペラのリングをもつ土星／11 厚い氷の層をもつ天王星／
12 太陽から最も遠い海王星／13 昔は惑星だった冥王星／
14 太陽系の果てには何がある？
★ナオとニャーのヒソヒソ話　「宇宙をあらわす距離の単位」

ミッション02　宇宙に輝く星たち…… 54

01 星はいくつある？／02 太陽のおとなりの星／
03 たくさんの星が集まったすばる／04 星はどうやって生まれた？／
05 太陽の最期／06 オリオン座は爆発まぢか？／
07 ブラックホール誕生／
★ナオとニャーのヒソヒソ話　「ホワイトホールってなに？」

ミッション03　銀河ってなに?…… 78

01 太陽系は天の川銀河の中にある／02 天の川銀河は目玉焼き／
03 天の川の正体／04 銀河の中心にはブラックホールがある／
05 雲のような銀河／06 接近するアンドロメダ銀河／07 宇宙の泡
★ナオとニャーのヒソヒソ話　「ブラックホールの姿が見えた！」

ミッション04 宇宙(うちゅう)はどうやってできた？ …… 98

01 風船みたいな宇宙／02 宇宙にははじまりがある／
03 アツアツの宇宙ができた／04 宇宙に物質が生まれた／
05 星が生まれた！／06 銀河が生まれた！／
07 太陽と地球の誕生
★ナオとニャーのヒソヒソ話 「見えるのは過去のすがた？」

ミッション05 宇宙(うちゅう)をめざせ！ ……116

01 望遠鏡で宇宙は広がった／02 人類は宇宙に飛び出した／
03 アポロ計画／04 スペースシャトル／
05 国際宇宙ステーション／06 火星に住もう！
07 宇宙人はいるの？
★ナオとニャーのヒソヒソ話 「知的生命体はいるの？」

BON!

キャラ紹介

ニャー
くまじい
ナオ
アット

マコト★カガク研究団

世の中の人たちがまちがった情報に
まどわされないようにするため、
人々の会話にひそむウソを見ぬいたり、
正しい科学知識を広めたりする
活動をしている。

ライヤー団

人間になりすましたり、
人間の意識に直接
はたらきかけたり
することでウソを広め、
世の中をまちがった
情報だらけにしようと
たくらむ集団。

USO さま
嘘
嘘
USOの手下たち

ミッション
MISSION
01
太陽系(たいようけい)をめぐる旅(たび)

1-01 宇宙旅行へGO

きれいなお月さま～
月に行くことってできないのかしら
その願いかなえてあげよう！
だ、だれ!?
パカッ
私は通りすがりの博士じゃよ宇宙船のテスト中じゃ
この宇宙船なら地球から38万キロはなれた月①だけじゃなく
150万キロはなれた太陽②にも行けるぞ！
Come on!
火星人に会ってみたいし太陽の炎でお肉も焼いてみたいわ！

①～②のどちらかが、ウソだよ。どっちかわかるかな…？

まちがいは② 太陽までは…

1億5000万キロ

私たちにとってなじみ深い「月」と「太陽」。地球から見ると、月も太陽もだいたい同じくらいの大きさに見えます。でも距離はぜんぜんちがいます。

まず、地球と月は平均で約38万キロはなれています。想像もつかない距離ですね。飛行機（時速900キロ）で行くには18日近くかかります。とても遠く思えますが、これでも月は地球からいちばん近い天体なのです。

さらに太陽はとんでもなく遠くなります。地球から太陽までの平均距離は約1億5000万キロ。月までの距離のおよそ400倍です。飛行機（時速900キロ）で行くには約19年もかかってしまいます！ 太陽は月よりも400倍ほど直径が大きいので地球から見るとだいたい同じ大きさに見えるのですね。

ただし、太陽さえも近所に思えるほど宇宙は広大です。これから宇宙の旅に出発しましょう！

1-02 地球は太陽系の一員

じゃあ宇宙船で太陽系の大冒険に出かけようかの！
太陽系って？
太陽を中心とした天体の集団①のことじゃ
太陽のまわりには地球をふくめて八つの惑星②がまわっているんじゃよ
太陽系とは太陽と八つの惑星のことをいう③んじゃ
地球も太陽系の一員なのね
そうじゃ！
TEAM 太陽系
地球も火星も金星も土星も木星もみんな太陽系の仲間ね！

①～③の中に、ウソが1つまじっているよ。どこかわかるかな…？

太陽
水星
金星
地球
火星

太陽系の惑星たち

海王星

天王星

土星

木星

まちがいは③　太陽系には…

惑星以外の天体も含まれる

　地球は、「太陽系」という天体の集団に属しています。太陽系の中心には太陽があり、そのまわりには、水星・金星・地球・火星・木星・土星・天王星・海王星といった惑星がまわっています（公転）。「すい・きん・ち・か・もく・ど・てん・かい」とおぼえた人も多いかもしれませんね。これらの惑星は太陽とちがってみずから光り輝くことはありません。

　惑星のまわりには月のような「衛星」がまわっています（公転）。また、小惑星や彗星とよばれる小さな天体が無数に存在しています。これらはみな太陽系の一員です。

　火星と木星の間には、小惑星がたくさん集まった「小惑星帯」があります。また、海王星の外側にも、惑星よりも小型の冥王星のような天体や、小さな氷のかたまりである彗星がたくさん太陽のまわりをまわっています。

1-03　しゃくねつの太陽

いよいよ最初の目的地
太陽に近づいてきたぞ！
太陽
太陽系の主役
といえる存在じゃ
太陽大きい～
太陽系の
約99.9%①
の重さを
この太陽が占めて
いるんじゃ
さっそく太陽で
お肉を焼きましょう！
どどーん
ONIKU
太陽の表面は約6000℃②
中心部は約1600℃③……
お肉なんて
あっというまに
灰じゃよ
まっくろこげ～
プス
プス
ご…ごめんね…？
え～ん

①～③の中に、ウソが1つまじっているよ。どこかわかるかな…？

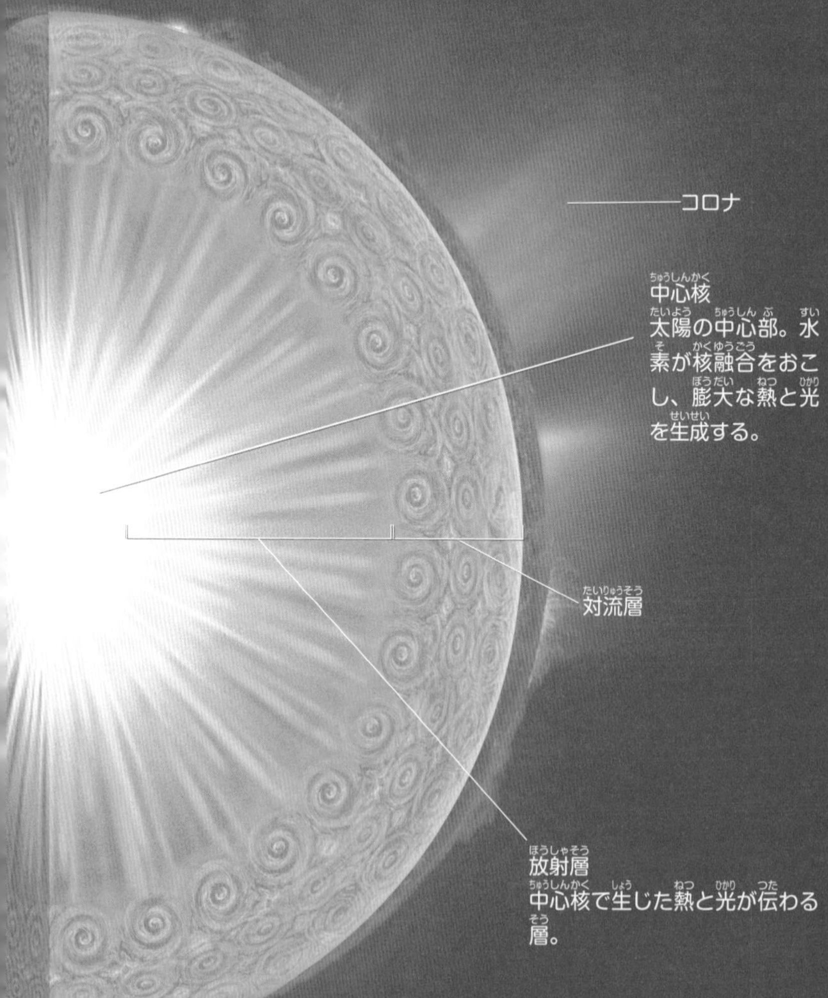

コロナ

中心核
太陽の中心部。水素が核融合をおこし、膨大な熱と光を生成する。

対流層

放射層
中心核で生じた熱と光が伝わる層。

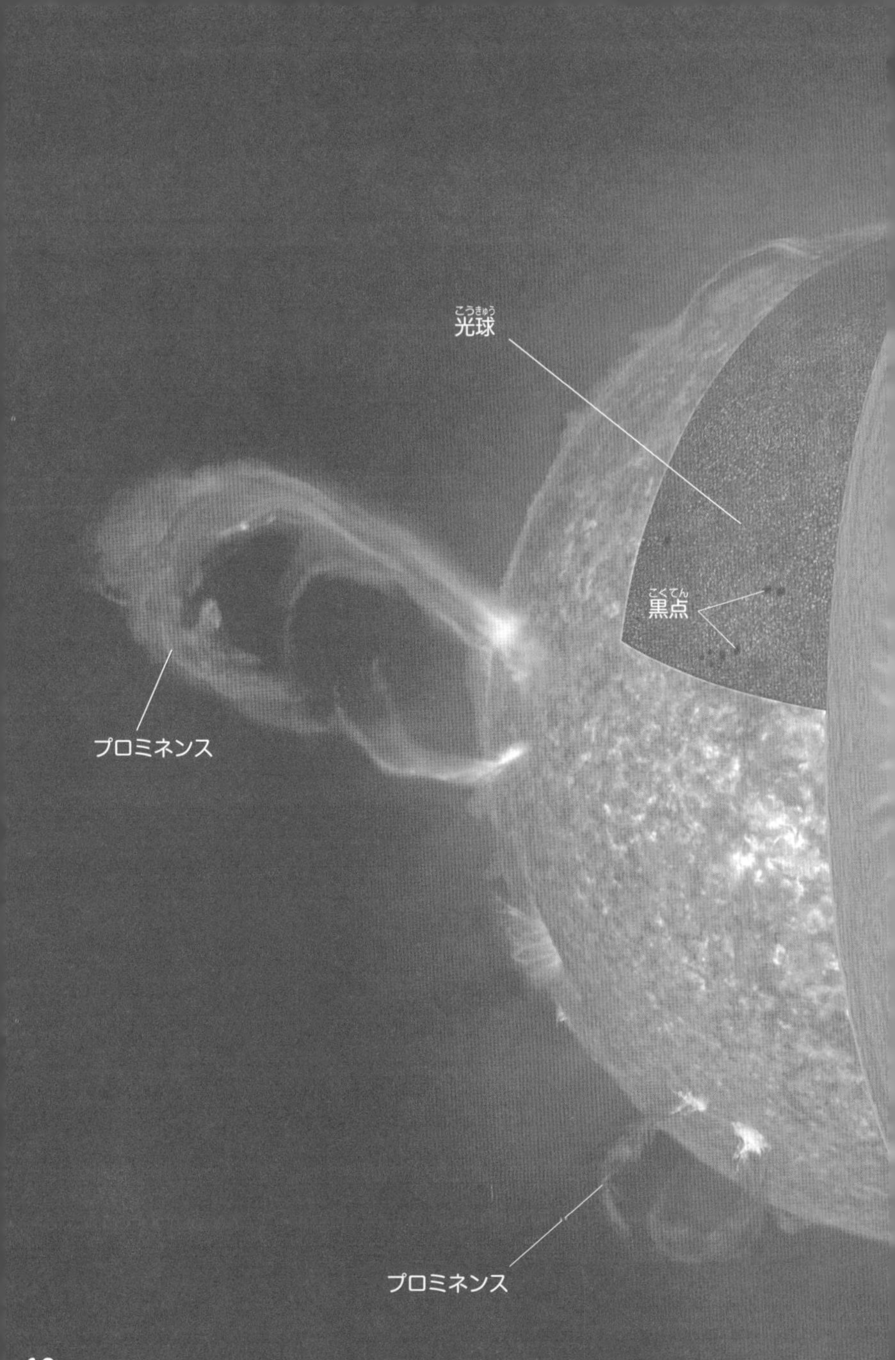

光球（こうきゅう）

黒点（こくてん）

プロミネンス

プロミネンス

まちがいは③　太陽の中心部は…

約1600万℃

太陽は太陽系の中で最も大きく、最も重い天体です。質量（重さ）は太陽系全体の約99・9％をしめています。太陽系の天体たちは、この巨大な質量から生みだされる「重力」に引っぱられることで、そのまわりをまわっているのです。

太陽の半径は地球の約110倍で、地球の直径を1センチメートルのビー玉と仮定すると、太陽は約110センチメートルで、運動会の大玉転がしで使われる大玉ほどになります。

太陽はとても熱い天体です。太陽の中身は、ほとんどが水素とヘリウムのガスです。太陽の中心部分では、水素どうしがくっついて、ヘリウムにかわる「水素の核融合反応」という現象により、たくさんのエネルギーが生みだされて光り輝いています。表面温度は約6000℃、中心部の温度は約1600万℃です。太陽のように、みずから光ることのできる星を「恒星」といいます。

1-04　しわだらけの水星

次の目的地である水星が見えてきたぞ　太陽から一番近い惑星①じゃ
おりてみましょう！
水星
体がふわふわふわするわ！
水星は地球の5分の2ほどの質量②しかないから重力が小さいんじゃ
きゃー！大きながけ！
底が見えないわよ?!
そのがけは水星のしわじゃ　水星ができるときに水星全体が温められてふくらんでできた③んじゃ
しわ
しわ

①～③の中に、ウソが１つまじっているよ。どこかわかるかな…？

まちがいは③　水星のしわができたのは…

冷えてちぢんだせい

水星は、太陽からいちばん近く、太陽系で最も小さい惑星です。太陽から水星までの距離は、太陽から地球までの距離の約3分の1です。直径は地球の約3分の1、質量は約20分の1で、重力も地球の約5分の2しかありません。

水星は大気がほとんどなく、昼の気温は約430℃まで上がる一方、夜の気温は約マイナス170℃まで下がります。

水星の表面には、たくさんの「クレーター」があります。また、「リンクルリッジ」とよばれるがけが無数に走っています。大きなものでは高さ2キロ、長さ500キロ以上になります。これは水星ができる過程で水星内部が冷えて、水星全体がちぢんだときにできたしわだと考えられています。

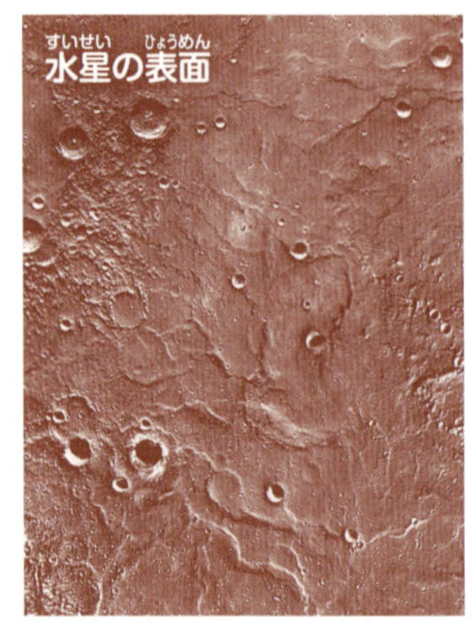
水星の表面
NASA/Johns Hopkins University Applied Physics Laboratory/Carnegie Institution of Washington

1-05　とっても暑い金星

2番目の惑星である金星に到着じゃ
金星
大きさが地球に似ていて双子星とよばれることもある①ぞ
えーでも見た目はぜんぜんちがうじゃん！
??
地球と金星との大きなちがいは温度じゃな金星の地表はおよそ100℃②もあるんじゃよ
ひえーそれじゃ水もすぐに干上がっちゃう
暑いのぉ
ぐで〜〜ん
暑すぎてとけてるわよ！博士！

①～②の中に、ウソが1つまじっているよ。どこかわかるかな…？

まちがいは② 金星の地表は…

約470℃

金星は半径や質量が地球に似た惑星です。地球の双子星ともいわれます。とはいっても、金星の地表の温度は、なんと470℃！ さらに大気のほとんどは二酸化炭素です。これでは、私たちはとてもすむことができませんね。

金星の上空45〜70キロには硫酸でできた、ぶあつい雲が広がっています。そのため、金星の地表を普通の望遠鏡で直接見ることはできません。またこの雲は太陽の光をよく反射するため、金星は地球からでも明け方や夕方の空に輝いて見えることがあります。太陽系では太陽と月の次に明るく見える天体です。

金星

NASA/JPL

1-06　私たちのくらす地球

太陽系4番目の惑星①
それが地球じゃ！
地球
帰ってきた～！
海のある地球は
美しいわね
1億5000万キロ
太陽からほどよい
距離にあるおかげ②で
液体の水③が存在できる
これが地球の大きな
特徴じゃな
地球の位置が
ずれていたら
魚たちは生きて
いけなかったのね
魚だけじゃないぞ
地球上のすべての
生命にとって
水は欠かせないんじゃ

①～③の中に、ウソが1つまじっているよ。どこかわかるかな…？

まちがいは① 地球は…

太陽系3番目の惑星

太陽系3番目の惑星、地球。地表面の71％を海がしめています。この液体の水のおかげで、地球は今のところ太陽系でただひとつ、生物が暮らす惑星です。

地球よりも少し太陽に近い金星では暑くて液体の水は存在できません。一方、少し太陽から遠い火星では水は凍りついてしまいます。太陽からほどよい距離にあるおかげで水が液体で存在でき、私たち生命が誕生することができたのです。

地球は今から46億年前に誕生しました。そして40億年ほど前に水の中で最初の生命があらわれたと考えられています。さらに28億年ほど前に光合成を行う生物が登場して、私たちが生きていくのに必要な酸素がつくられるようになりました。

地球
NASA/NOAA GOES Project

1-07 地球のあいぼう、月

ついに念願の月に到着！
地球に最も近い惑星①ね
早速うさぎを探しに行くわよ！
きゃっ！
すごいがけ！
月にはクレーターという
隕石が衝突したあと②が
たくさんある③んじゃ
ここはクレーターの中なんじゃな
隕石がたくさん
降ってきたの!?
うさぎたちは大丈夫かしら
月は過酷な環境で
ウサギはおらんよ

①〜③の中に、ウソが1つまじっているよ。どこかわかるかな…？

まちがいは① 月は惑星ではなく…

衛星

月は地球の「衛星」です。衛星とは、惑星などのまわりを公転する天体のことです。

月は、地球から約38万キロメートルはなれたところにあって、27・3日で地球をひとまわりします。月の直径は地球の約4分の1、質量は約80分の1です。月はいつも同じ面を地球にむけているため、地球から月の裏側を見ることはできません。

月は太陽から照らされて満ち欠けします。地球から見て正面から照らされると「満月」、真横から照らされると「半月」になります。そしてうしろから照らされると地球からは見えなくなります。これが「新月」です。

月には大気がなく、昼間は気温が110℃くらいまで上がり、夜はマイナス150℃より低くなります。幻想的なイメージのある月ですが、その環境はなかなか過酷ですね。

月の表面には「クレーター」とよばれるおわん形にへこんだ地形がたくさんあります。これは隕石がぶつかったあとです。

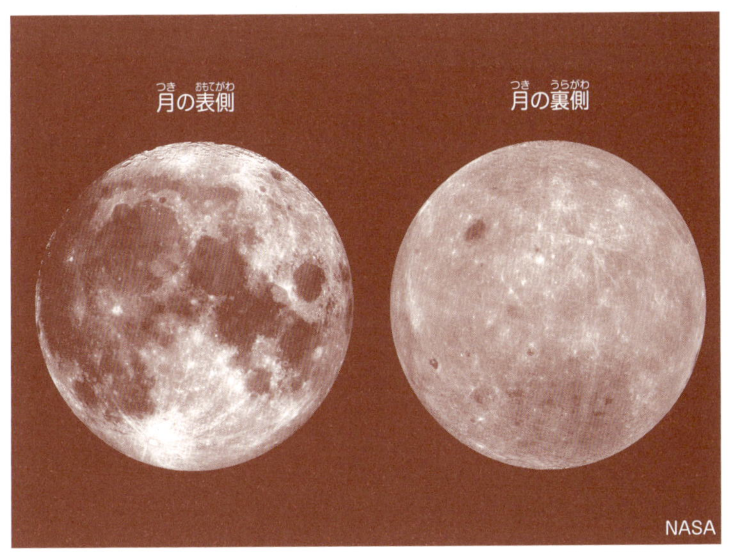
月の表側
月の裏側
NASA

月の表側には暗い領域があります。ここは「海」とよばれ、過去に溶岩流でうめつくされた場所です。この黒い模様が、うさぎに見えるとよくいわれます。

地球の場合、火山活動や風化・浸食などで表面がどんどんかわっていくので、クレーターはあまり残りません。しかし月では風がふいたり雨がふったりすることもないため、クレーターがそのまま残りやすいのです。

月の誕生については「地球に火星サイズの天体が衝突し、宇宙に飛び散った破片から生まれた」と考えられています。これを巨大衝突（ジャイアントインパクト）説といいます。月の一部はかつて地球だったようです。

巨大衝突説

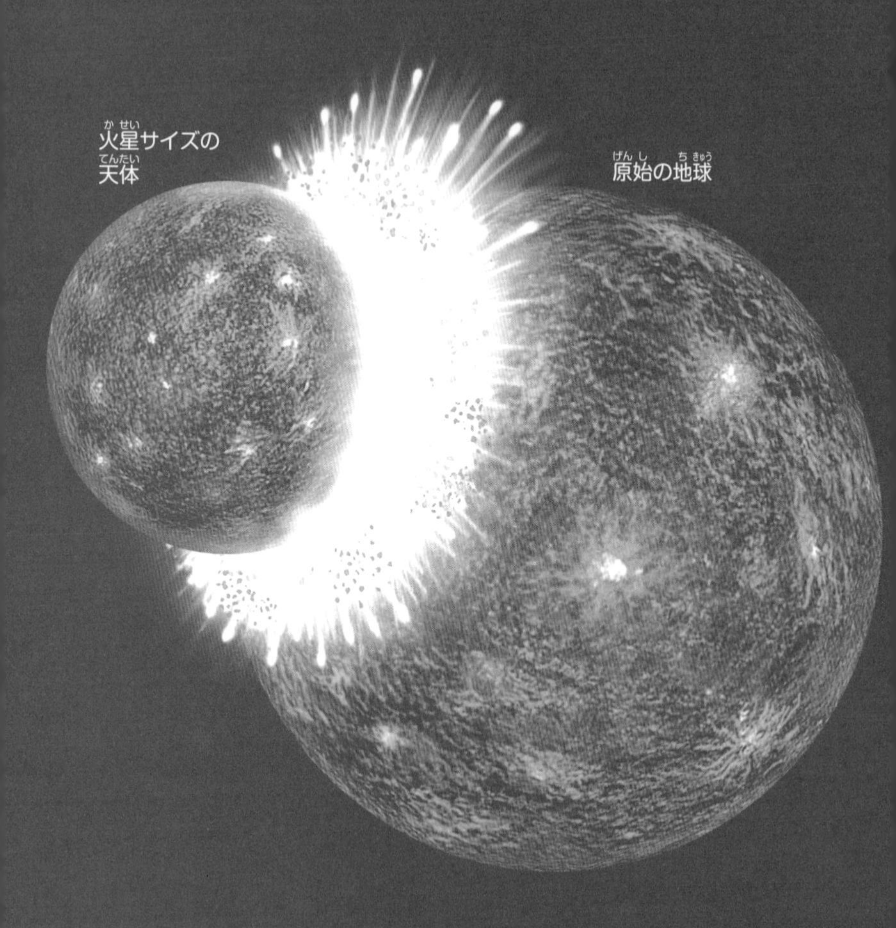
火星サイズの
天体
原始の地球

原始の地球に火星サイズの天体がぶつかり、そのときの破片が集まって月ができたと考えられています。

1-08 赤い大地の火星

地球のおとなりの惑星
火星に到着じゃ
火星
半径はおよそ地球と同じ①
質量は10分の1②ほどじゃ
火星も荒涼とした
大地が広がっているのね
じゃが地表には
大昔に水があった
痕跡が残されている③んじゃよ
じゃあきっと
火星人がいるのね
どこにいるのかしら
生命の痕跡はあるかもしれん
ただ今のところは
見つかっておらんよ
えー せっかく
サイン色紙を
もってきたのに!
ガーン

①〜③の中に、ウソが1つまじっているよ。どこかわかるかな…?

NASA/JPL-CALTECH/MSSS

火星探査車「キュリオシティ」が自分の姿とともに写した火星の姿。火星の約4分の3は砂漠ですが、巨大火山「オリンポス山」や、アメリカにあるグランドキャニオンの約10倍も深い谷「マリネリス峡谷」などがあります。火星には、これまでにたくさんの探査機が着陸しています。

まちがいは① 火星の半径は地球の…

半分ほど

火星の半径は地球のほぼ半分で、太陽からの距離は、地球までのおよそ1.5倍です。

火星には、地球で見られるような四季があります。また二酸化炭素をおもな成分とする非常に薄い大気におおわれています。寒暖の差がはげしく、夏の日中は気温が20℃ほどになる一方で、冬の夜はマイナス140℃ととても寒くなります。

火星の表面は、酸化鉄（赤さび）をふくむ岩石におおわれています。NASA（アメリカ航空宇宙局）の探査機による映像では、赤かっ色の大地が一面に広がっていました。

また火星には巨大な火山がいくつかあることもわかっています。なかでも最大なのは「オリンポス山」です。高さは25キロメートル以上、すその直径は600キロメートルです。北海道がすっぽり入ってしまうほどの巨大火山です。ただし、火星の火山はいずれも今はまったく活動していません。

火星探査機による調査で、火

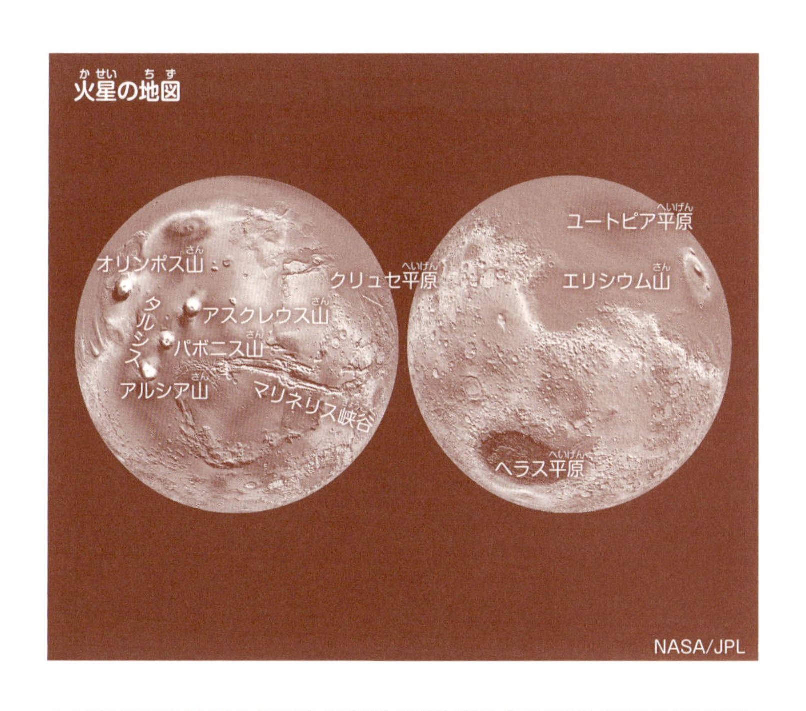

火星の地図
オリンポス山
タルシス
アスクレウス山
パボニス山
アルシア山
マリネリス峡谷
クリュセ平原
ユートピア平原
エリシウム山
ヘラス平原
NASA/JPL

星の地形には水が流れていたあとが見つかっています。過去には大量の水が火星に存在していたと考えられています。また火星の地下には現在でも氷が存在することが確認されています。昔の火星は、地球によく似た海のある惑星だったのです。

2020年に「パーサビアランス」というNASAの探査機が打ち上げられました。生命の痕跡の探索が大きな目的です。火星の砂や石を地球にもち帰ることなどが計画されています。

火星(かせい)

NASA/JPL/USGS

1-09 一番大きな惑星、木星

ここから先は
厚いガスの大気①に
おおわれた惑星じゃ
木星
ほら
木星が見えてきた
大きーい
半径は地球の約11倍②
質量も約11倍③ある
太陽系最大の惑星④じゃ
あのしま模様は何なの？
おしゃれね！
木星は自転が高速で
東西方向に猛烈な
風が吹いておる
こうした大気の流れが
しま模様をつくるんじゃ
わあああ
あああ
巻きこまれたら
たいへん……

①～④の中に、ウソが１つまじっているよ。どこかわかるかな…？

NASAの探査機「ジュノー」が撮影した木星。木星は約10時間という短い時間で自転しているため、その影響で強い気流が発生し、しま模様やうず模様ができます。この画像で最も目立つうずは「大赤斑」とよばれています。

NASA/JPL-Caltech/SwRI/MSSS/Kevin M. Gill

木星

まちがいは③　木星の質量は地球の…

約318倍

木星は太陽系の中で最も大きく、最も重い惑星です。大きさは地球の11倍、質量は地球の318倍あります。太陽からは、地球の約5倍はなれています。

　地球の中身はおもにかたい岩石などでできていますが、木星の中身はほとんどが水素やヘリウムなどのガスです。といっても、中心に近づくほどガスは強い重力でぎゅっとおしこまれるので、液体のような、金属のような、不思議な姿になっています。

木星は表面にあるきれいなしま模様が特徴的ですね。木星は約10時間に1回という速い速度で自転をしています。そのため東西方向に強風が吹いています。しま模様は、このようにしてできる大気の流れによってつくりだされています。大気の流れによってうず模様がつくられることもあります。これらの模様は時間とともに変化しつづけます。

1-10　ペラペラのリングをもつ土星

あのリング！土星ね　これも大きい～
土星
6番目の惑星①である土星は木星と同じガス惑星で半径が地球の約9・4倍②質量が約95倍③じゃ
土星の周囲を幅が数十万キロほどのリングがとりかこんどるでもその厚さはたった数百メートル④しかない
土星のリングはぺらっぺらなのね　あの上を走ってみたいわ
あのリングは小さな鉄の粒⑤が集まっているだけじゃから上を走ることはできんよ
え～～～

①～⑤の中に、ウソが１つまじっているよ。どこかわかるかな…？

NASA/JPL-Caltech/SSI/Cornell

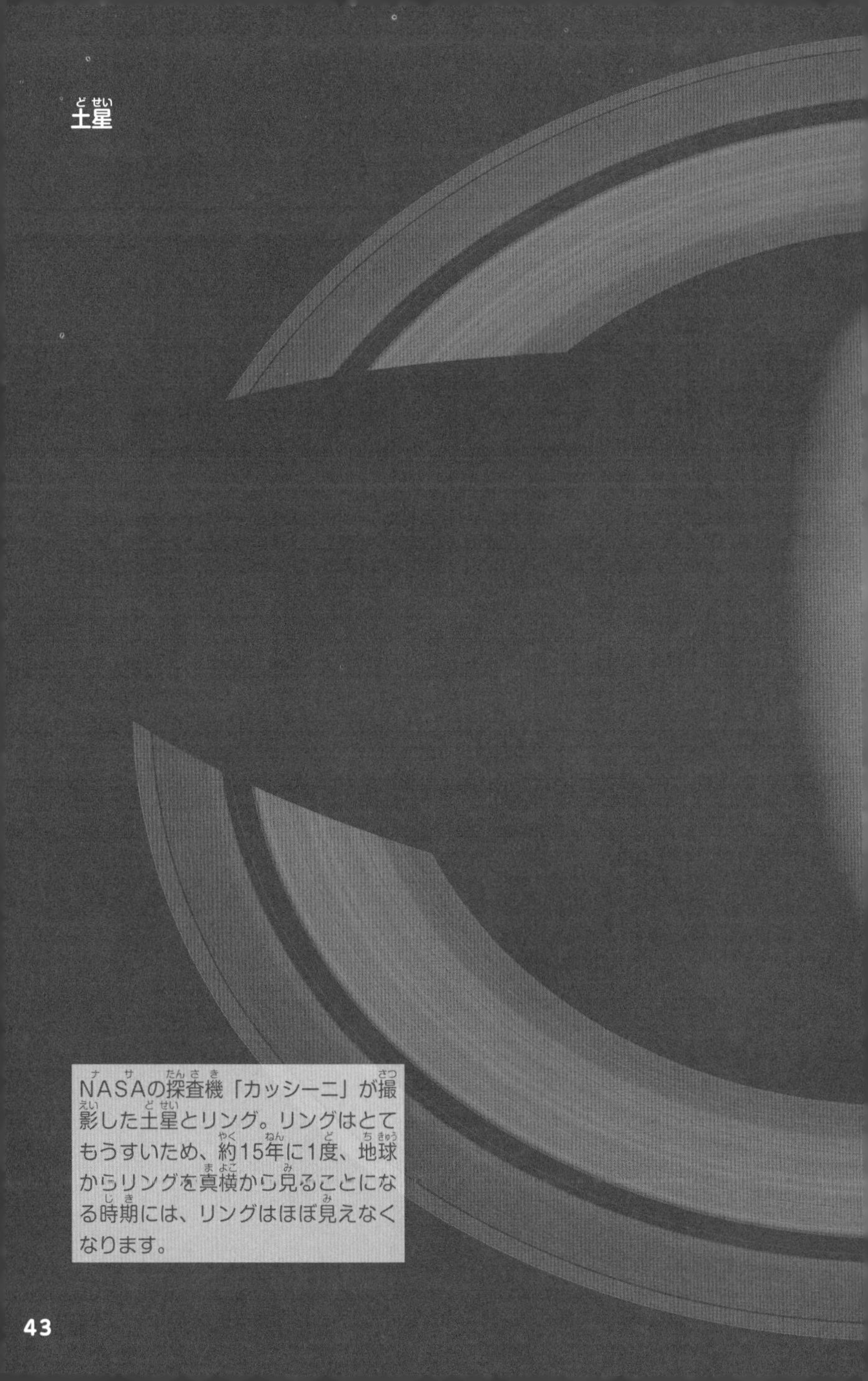

土星

NASAの探査機「カッシーニ」が撮影した土星とリング。リングはとてもうすいため、約15年に1度、地球からリングを真横から見ることになる時期には、リングはほぼ見えなくなります。

まちがいは⑤　土星のリングは…

氷の粒でできている

土星の中身は木星とよく似ていて、ほとんどが水素とヘリウムでできています。大きさは地球の約9倍、質量は地球の95倍で、太陽系では木星の次に大きな惑星です。太陽からは、地球の約10倍の距離にあります。

土星のいちばんの特徴である巨大なリングは、小さな氷の粒が集まってできています。リングは七つにわけられて、A〜Eのアルファベットがふられています。よく見えるのはA、B、Cのリングです。この三つのリングの幅は6万キロメートルにもおよびます。でも実はとてもうすっぺらで、厚さは数百メートル程度しかありません。

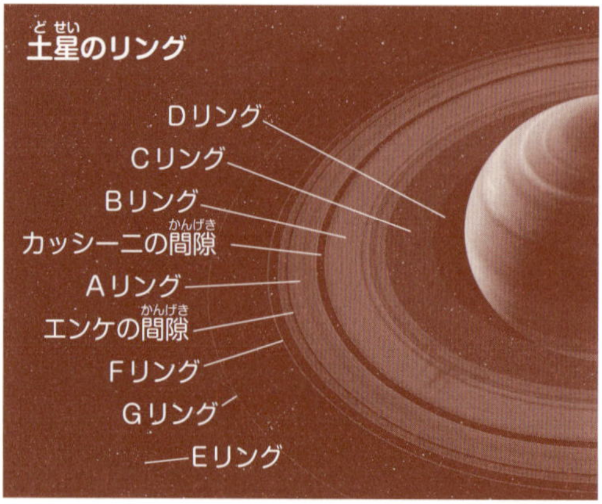

土星のリング

Dリング
Cリング
Bリング
カッシーニの間隙
Aリング
エンケの間隙
Fリング
Gリング
Eリング

NASA/JPL

1-11 厚い氷の層をもつ天王星

次の惑星にはまだ着かないの？
だら〜
もうすぐじゃ
太陽から土星までの距離と土星から次の天王星までの距離がだいたい一緒①じゃからな
あっ！ 青緑色の天体②が見えてきた！あれが次の天王星ね？
天王星
そうじゃ
太陽から遠い天王星の大気の温度はマイナス10℃③ほどで
内部にはとても厚い氷の層があるんじゃよ
かき氷をつくり放題ってわけね！

①〜③の中に、ウソが1つまじっているよ。どこかわかるかな…？

まちがいは③　天王星の大気は…

マイナス200℃ほどにもなる

天王星は、太陽系7番目の惑星です。大きさは木星、土星についで、太陽系の中で3番目です。天王星は、「巨大氷惑星」に分類されます。その内部には、アンモニア、水、メタンが混ざった、とても厚い氷の層があります。

星の表面をおおう大気は、温度がマイナス200℃ほどになるところもあります。大気の多くは水素とヘリウムですが、少しだけメタンもふくまれます。このメタンに太陽の光が当たると、赤っぽい光が吸収され、青っぽい光だけが反射されるめ、天王星は青緑色をしています。

天王星は、自転の軸がほとんど横だおしになっています。そのため、天王星の北極と南極では、ほかの惑星のように自転して昼と夜がくりかえすようにはなっていません。地球の時間で昼が42年つづいたあと、夜が42年つづきます。

また土星よりも暗くて細いものの、天王星にも13本の環が見つかっています。

1-12　太陽から最も遠い海王星

いよいよ太陽系最遠の惑星①海王星じゃ
太陽のまわりを3年で1周しておる②
海王星
そういえばさっきの海王星もこの天王星も青いわね海があるの？
青
赤
いや海ではない大気が赤い光を吸収して青く見えている③んじゃ
海王星のまわりに大きな天体があるわ！あれは…お月さま？
これは海王星の衛星トリトンじゃな
少しずつ海王星に近づいていきいずれ墜落するといわれておるぞ
月は地球に墜落することはないのかしら…？
ドキ
ドキ
答えは次のページじゃ！

①～③の中に、ウソが1つまじっているよ。どこかわかるかな…？

まちがいは② 海王星は太陽のまわりを…

165年で1周する

海王星は、太陽から最も遠いところを公転する8番目の惑星です。太陽に最も近い水星から太陽までの距離とくらべると、約78倍です。水星は太陽を約88日で1周しますが、海王星はなんと、約165年かけて1周します。海王星が太陽を1周する間に、水星は約684周もしているのです。

海王星は、天王星と同じ巨大氷惑星です。内部のようすや大気の中身も天王星とよく似ていて、大気中のメタンが太陽光の中の赤っぽい光を吸収するので、海王星は青く見えます。

海王星には14の衛星がありま す。そのうち最大のものがトリトンです。トリトンは海王星の自転とは逆方向に公転(逆行)する、めずらしい衛星です。そのためトリトンの公転の勢いは弱められ、いずれ海王星に墜落する可能性があると考えられています。

ちなみに地球の月は逆行しておらず、年に3センチほど地球から遠ざかっています。

1-13　昔は惑星だった冥王星

これで旅はおしまい？
ふぅ〜
まだまだ太陽系の旅はつづくぞ！ほらこの先に冥王星が見えるじゃろ
宇宙旅行しおり
冥
衛星
惑星
冥王星
めいおうせい？惑星なの？
冥王星は1930年に発見①されて以来長い間、惑星じゃった
しかし2006年に惑星から外されたんじゃ今は衛星とよばれとる②
えーなぜ？
直径が月の3分の2ほど③しかなくて周囲には似たような天体がたくさんあったんじゃ
冥王星が惑星のままだとほかのたくさんの天体も惑星にしないといけなくなったのね
衛星ズ
セドナ
エリス
冥王
マケマケ
ハウメア

①〜③の中に、ウソが１つまじっているよ。どこかわかるかな…？

まちがいは② 冥王星は…

冥王星型天体

冥王星は、海王星の外側をまわる天体です。冥王星の表面温度はマイナス230～210℃で、窒素を主成分としたうすい大気をもっています。

冥王星は1930年に発見され、そのときは〝太陽系の九つ目の惑星〟とされました。しかし1978年に冥王星の衛星カロンが見つかると、冥王星が月よりも小さな天体であることがわかったのです。それ以降も冥王星と同じくらいの大きさの天体が、海王星の外側で次々に見つかりました。そこで2006年に冥王星は惑星から除外されることに決まりました。冥王星のように海王星よりも外側にある天体は「太陽系外縁天体」とよばれていて、そのなかでも、冥王星ぐらいの大きさがある、大きめの天体は「冥王星型天体」とよばれています。

冥王星
NASA/JHUAPL/SwRI

1-14 太陽系の果てには何がある？

きゃっ！
いまの音なに？
彗星にかすったようじゃ
冥王星あたりは金属でできた無数の彗星①が存在するんじゃよ
ここをエッジワース・カイパーベルトという
ここが太陽系の果てってわけね？
いや太陽系はもっとうんと広いぞ
ワープを使ってさらに遠くに行ってみよう
太陽から冥王星の距離の1000倍ほど②のところでは彗星が太陽系全体をおおっとる③
ここが太陽系の果てといえるじゃろうな
ついにゴールね！

①〜③の中に、ウソが1つまじっているよ。どこかわかるかな…？

まちがいは①　エッジワース・カイパーベルトの天体は…

氷を主成分とする

私たちの太陽系の「果て」は、どれくらい遠いのでしょうか。そして、そこには何があるのでしょうか。

天文学では、太陽と地球の平均距離を「1au（天文単位）」とあらわします。1auは、約1億5000キロメートルです。たとえば太陽から海王星までは、30auとあらわせます。

海王星のあたりに目を向けてみましょう。すると30auから50auの範囲に、氷を主成分とするたくさんの彗星が存在することがわかります。これを「エッジワース・カイパーベルト」といいます。

さらに太陽からうーんとはなれて、約1万～10万auのところでは、たくさんの彗星が太陽系をとりかこんでいます。これを「オールトの雲」といいます。これこそが、いま私たちの知る太陽系の果てといえるでしょう。地球をはじめとする惑星があるのは、太陽系のごくごく中心部なのです。

ナオとニャーのヒソヒソ話

宇宙をあらわす距離の単位

太陽系はとても広いので距離をあらわすのに「キロメートル」を使っていては、少し不便です。そこで、右のページで説明したように天文単位（au）をよく使います。地球と太陽の距離を基準（1au）とした距離の単位です。

しかし、太陽系の外の宇宙を考えはじめると、宇宙はあまりに広大で、天文単位でも不便になります。そこで「光年」という距離の単位が使われます。光年といいますが、時間ではなく距離の単位です。

光年は光の速度を基準とした単位です。光は1秒間で30万キロメートルという途方もない速さで進みます。地球7周半です。この光が1年をかけて到達する距離が1光年です。約9兆5000億キロメートルに相当します。

この本の**ミッション02**以降では、太陽系の外にある遠くの天体について考えます。ですので、距離の単位は基本的にこの光年を使います。

ミッション
MISSION

02

宇宙(うちゅう)に輝(かがや)く星(ほし)たち

2-01　星はいくつある？

星がたくさん！
キラッ
この夜空に星はいったいいくつあるんだろう？
ん？
わっ！
流れ星!?
どーーん
着地失敗ドロ…
ボクはドローン！宇宙のことを何でも知っている天才ドロ
どろっ…
えっ
きみの質問に答えるためにやってきたドロ
星の数を聞いたドロ？
ずずずず
地球から肉眼で見られる恒星は
①約860個
②約8600個
③数えられないほどあるドロ
近い近い!!

①～③のうち、正解はどれかわかるかな…？

正解は② 地球から見える恒星は…

約8600個

夜空に輝く恒星は、その見かけの明るさによって、明るく目立つ1等星から、かろうじて肉眼で見える6等星まで、6段階に分類されてきました。これを星の等級といいます。等級が一つ変わると、明るさは約2.5倍変わります。つまり1等星は、2等星の約2.5倍明るいわけです。また1等星は6等星の100倍の明るさで輝いて見えることになります。

恒星の明るさなどの情報がまとめられた「星表」とよばれるカタログがあります。星表で調べてみると、地上から見える1等星から6等星までの星は、8600個ほどあります。これが地球から肉眼で見ることができる星の数です。

ただし実際に地上で観測するときには地平線の下にある星は見えません。そこで単純に半分とすると、夜空に4300個ほどの星が見える計算になります。街の明かりに邪魔されたりするので、実際に見える数はそこからさらに減ります。

2-02 太陽のおとなりの星

太陽の次に近い恒星はどこなの？
それはケンタウルス座プロキシマ星①だドロ
ビビビ
ちょうどケンタウルス座の前足のあたりにあるドロ
日本からもはっきり見える②ドロ
ビビ
じゃあいつか遊びに行きたいな！ご近所さんなんだし
ご近所といっても光の速さで4・2年かかる距離③にあるドロ
プロキシマ
4.2年
時速900キロの飛行機だと500万年④ほどかかるドロ
到着するころにはミイラになってるわ

①～④の中に、ウソが1つまじっているよ。どこかわかるかな…？

まちがいは② ケンタウルス座プロキシマ星は…

日本からは見えない

太陽系に最も近い恒星は「ケンタウルス座プロキシマ星」です。おもに地球の南半球からしか見ることはできないため、日本からは残念ながら見えません。また、そもそも11等星と暗いため、肉眼では見えません。

ケンタウルス座プロキシマ星は太陽から約4.2光年の距離にあります。1光年は約9兆5000億キロメートルですから、およそ40兆キロメートルの距離です。太陽から最も近い恒星といっても、とても遠いのです。

ケンタウルス座プロキシマ星（ケンタウルス座α星C）のすぐ近くには、恒星がもう二つあります。ケンタウルス座α星AとBです。この二つの恒星は、肉眼では一つに見えますが、1等星ととても明るいです。これら三つの星はそれぞれの重力によっておたがいの周囲をまわっています。

このような恒星の組を「連星」といいます。

ケンタウルス座α星B
ケンタウルス座α星A
ケンタウルス座プロキシマ星

2-03　たくさんの星が集まったすばる

あそこ！星がぼやっと集まっているように見えるんだけど
どろどろ〜？
1、2、3……6個くらいの星が見えるよ
おうし座①にある「すばる」という天体ドロ
ビビビ
数百個の星の集まり②でそのうち特に明るいものが肉眼で見えるドロ
みんな仲間を求めて集まってきたの？
ちがうドロ すばるの星たちは一緒に生まれてきたドロ③
どの星も若くて100歳〜1000歳④ほどと見積もられているドロ
1000歳!? とんでもないおじいちゃんじゃん！

①〜④の中に、ウソが1つまじっているよ。どこかわかるかな…？

NASA, ESA and AURA/Caltech

すばる（プレアデス星団）

数百個の若い星の集団です。冬の夜空に輝くすばるは肉眼でも見ることができます。

まちがいは④　すばるの星たちは…

6000万～1億歳

夜空には、たくさんの恒星が集まって見える場所がありま す。これを「星団」といいます。おうし座の方向に見える「すばる」も星団の一つです。すばるは和名で、古くからの大和言葉です。「プレアデス星団」という名前でもよばれます。天体カタログの「メシエカタログ」ではM45（メシエ45）という番号が振られています。

すばるは地球から約440光年はなれた場所にあります。数百個の星が集まっていますが、地上から肉眼で見えるのは6～8個ほどの星です。

すばるの星はどれも青白く光っています。これは星たちがとても若いことを意味していま す。ただ、若いといってもその年齢は6000万～1億歳ほどです！　星の一生からすると、これでも生まれたばかりの星たちなのです。

すばるの星たちは同じ場所でうまれた兄弟のようなものです。すばるのような若い星たちの集団を「散開星団」といいます。

2-04 星はどうやって生まれた？

そもそも星ってどうやってできるの？
星は暗黒の雲の中①から生まれるドロ
暗黒の雲!? まさか悪の組織がつくりだしている!?
ぎょっ
悪
ちがうドロ 宇宙には大きな岩②が少しだけ散らばっているドロ それが濃く集まった場所は黒い雲のように見えるドロ
じゃあ悪の組織とは関係ない？
こそ こそ
ないドロ
暗黒の雲がさらにぎゅっと凝縮すると新しい星の種が誕生するドロ③
BABY

①～③の中に、ウソが１つまじっているよ。どこかわかるかな…？

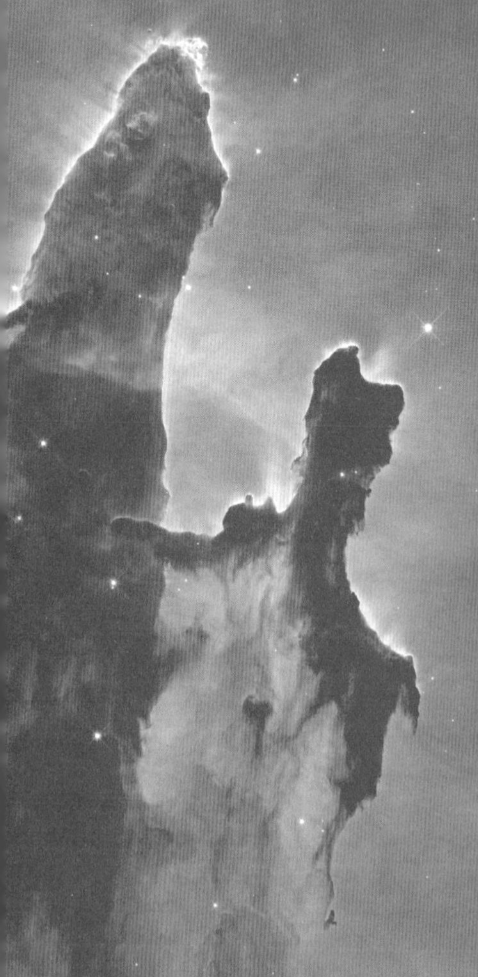

創造の柱（暗黒星雲の一例）

3本の巨大な柱のように見える暗黒星雲。約6500光年はなれた「わし星雲（M16）」の中心部にあり、創造の柱とよばれています。柱の表面や内側では星が生まれています。

NASA, ESA and the Hubble Heritage Team (STScI/AURA)

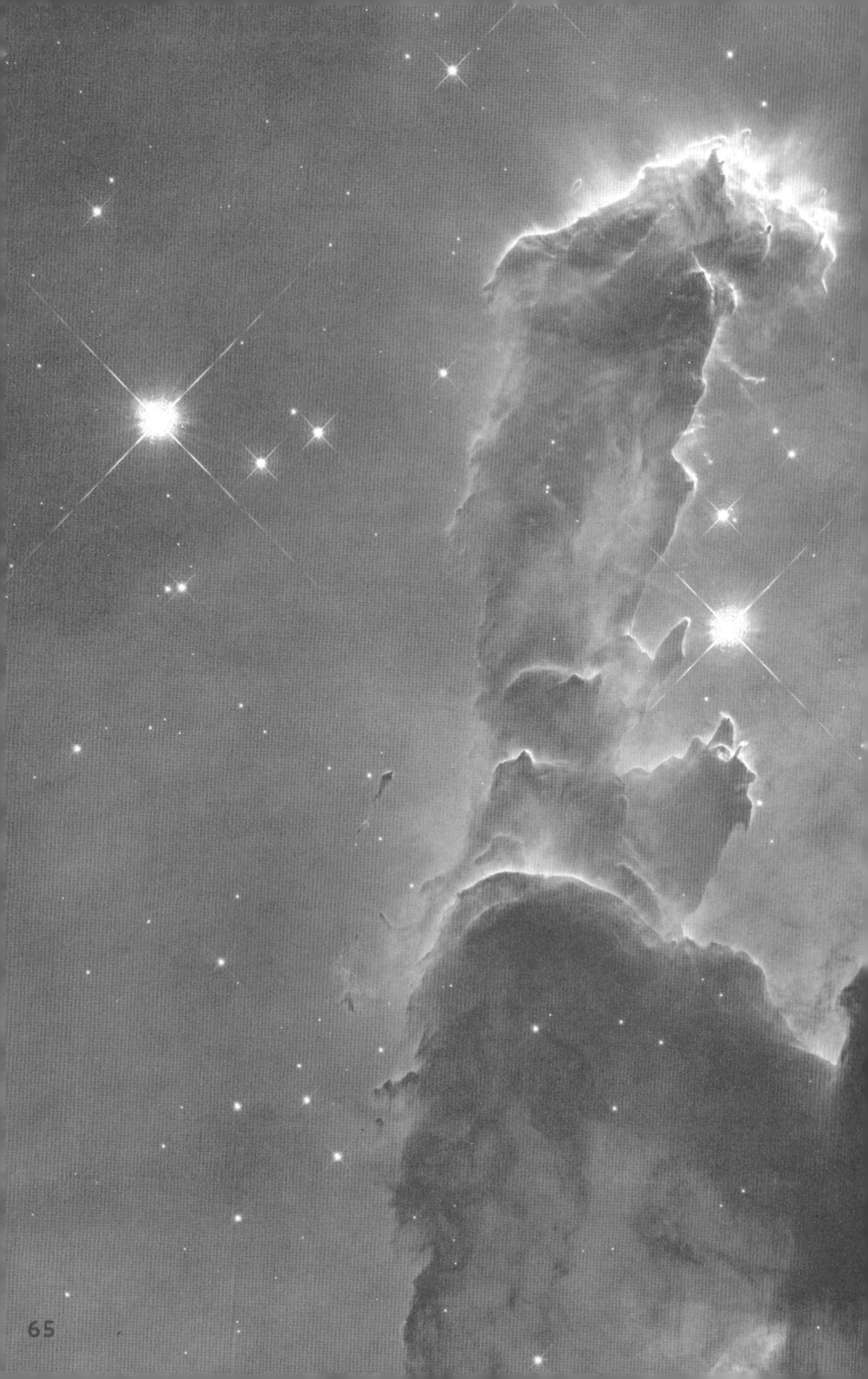

まちがいは② 宇宙に散らばっているのは…

ガスやちり

宇宙にうかぶ星と星の間は、真っ暗で何もないように見えますね。しかし実際には、ガスや細かなちりがうすく存在しています。これらが濃く集まると、周囲の星の光をさえぎるため、まるで黒い雲のように見えます。これを「暗黒星雲」といいます。

恒星は、この暗黒星雲の中で生まれます。恒星の材料は、ガスとちりです。これらが重力で集まって強くおし固められると、原始星という〝星の卵〟が生まれます。原始星の中心部分がさらにおし固められると、やがて水素の核融合反応がはじまります。これにより、原始星は光を放つようになり、恒星として活動をはじめます。

馬頭星雲（暗黒星雲の一例）

ESO

2-05　太陽の最期

星って死ぬこともあるの？
星にも寿命があるドロ
でも重さによって死に方はちがう①ドロ
もちろんドロ
太陽もいつか死ぬの？
太陽のように軽い星は輝くための燃料を使いはたすとガスがまわりに流れ出ていく②ドロ
そして惑星状星雲というきれいな天体になるドロ
こうして生涯を終えるドロ
惑星状星雲
太陽が死ぬなんて大変だ！！！
安心するドロ
太陽はいま1億歳③で寿命が尽きるのは50億年後④ごろなのドロ
ドヤ〜！
そのころにはボク以外は現在の人たちはだれも生きていないドロ

①〜④の中に、ウソが1つまじっているよ。どこかわかるかな…？

こと座のリング星雲M57（惑星状星雲の一例）

こと座の方向、地球から約2600光年のかなたにある「リング星雲」という惑星状星雲です。かつて輝いていた恒星が寿命をまっとうし、死んでいく姿です。周囲に放出されたガスが光り輝いています。

The Hubble Heritage Team (STScI/AURA)

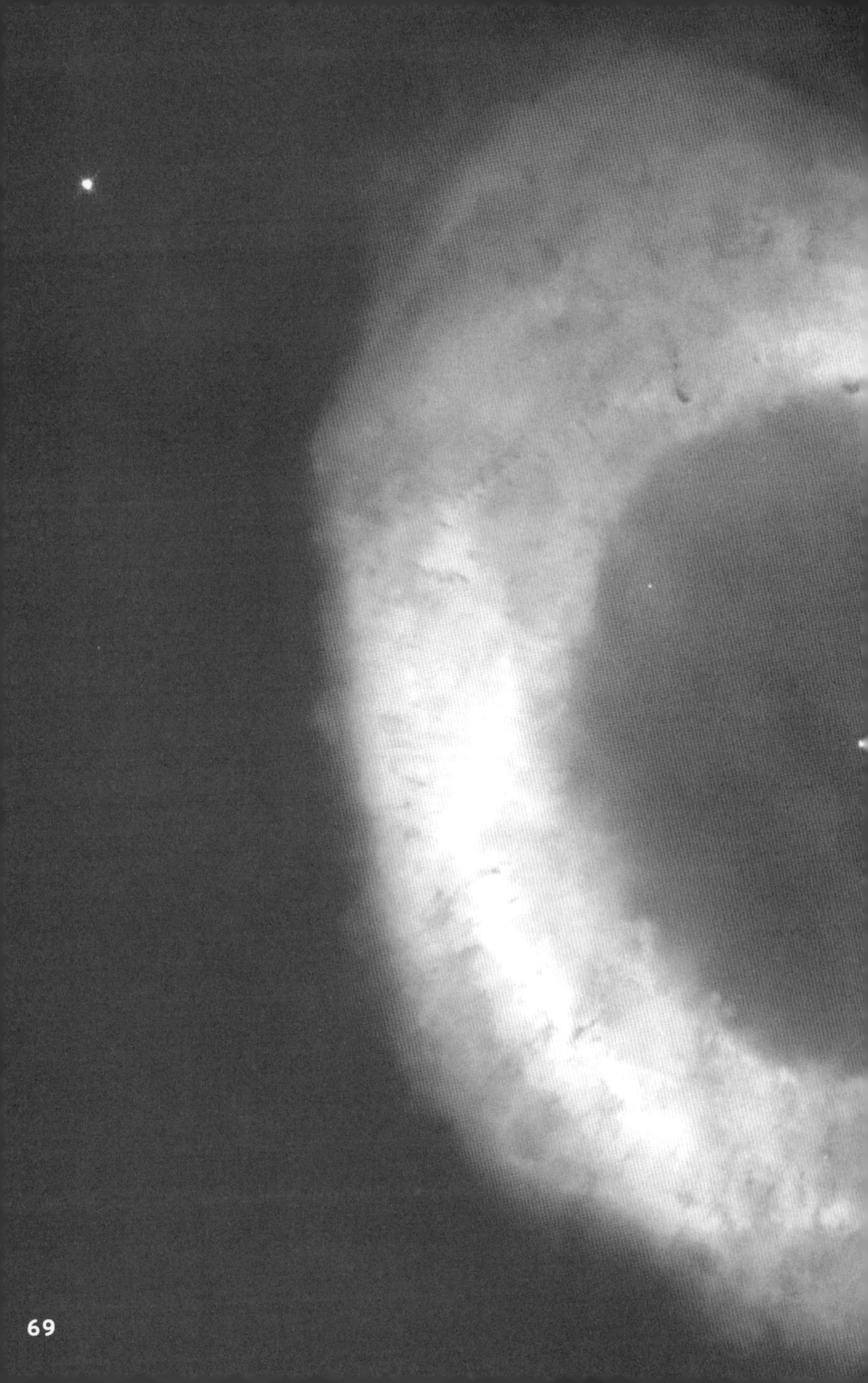

まちがいは③ 太陽はいま…

46億歳

太陽もいずれ終わりをむかえると考えられています。太陽のような軽い恒星は、歳をとると核融合反応のための燃料を使い果たしてしまいます。

すると、大量のガスがまわりに流れだして、恒星の残りかす(核)と、そのまわりに「惑星状星雲」という雲のような天体ができます。これが軽い恒星の最期の姿です。

惑星状星雲は、恒星の残りかすから放たれる紫外線を吸収することで、さまざまな色の光で輝きます。なお、惑星状星雲は、惑星とはまったくことなる天体です。昔の望遠鏡では、惑星状星雲はぼんやりと広がって見え、惑星と似ていたためにこのような名前がついたといわれています。

現在46億歳といわれる太陽も、およそ50億年後には惑星状星雲になるでしょう。惑星状星雲となった太陽は、その後、中心部分のみが残って、「白色矮星」という種類の星となってその一生を終えます。

2-06 オリオン座は爆発まぢか？

太陽よりもうんと重い星はハデな最期を迎えるドロ
ハデな最期……？爆発するとか？
その通りドロ　超終星爆発①という大爆発をおこすドロ
ひょえー
超終星爆発
オリオン座②のベテルギウス③という星はもうすぐ爆発するといわれているドロ
いまのうちにオリオン座を目に焼き付けておかなきゃ！
オリオン座
顔が怖いドロ～！

①～③の中に、ウソが1つまじっているよ。どこかわかるかな…？

NASA, ESA and J. DePasquale (STScI) and R. Hurt (Caltech/IPAC)

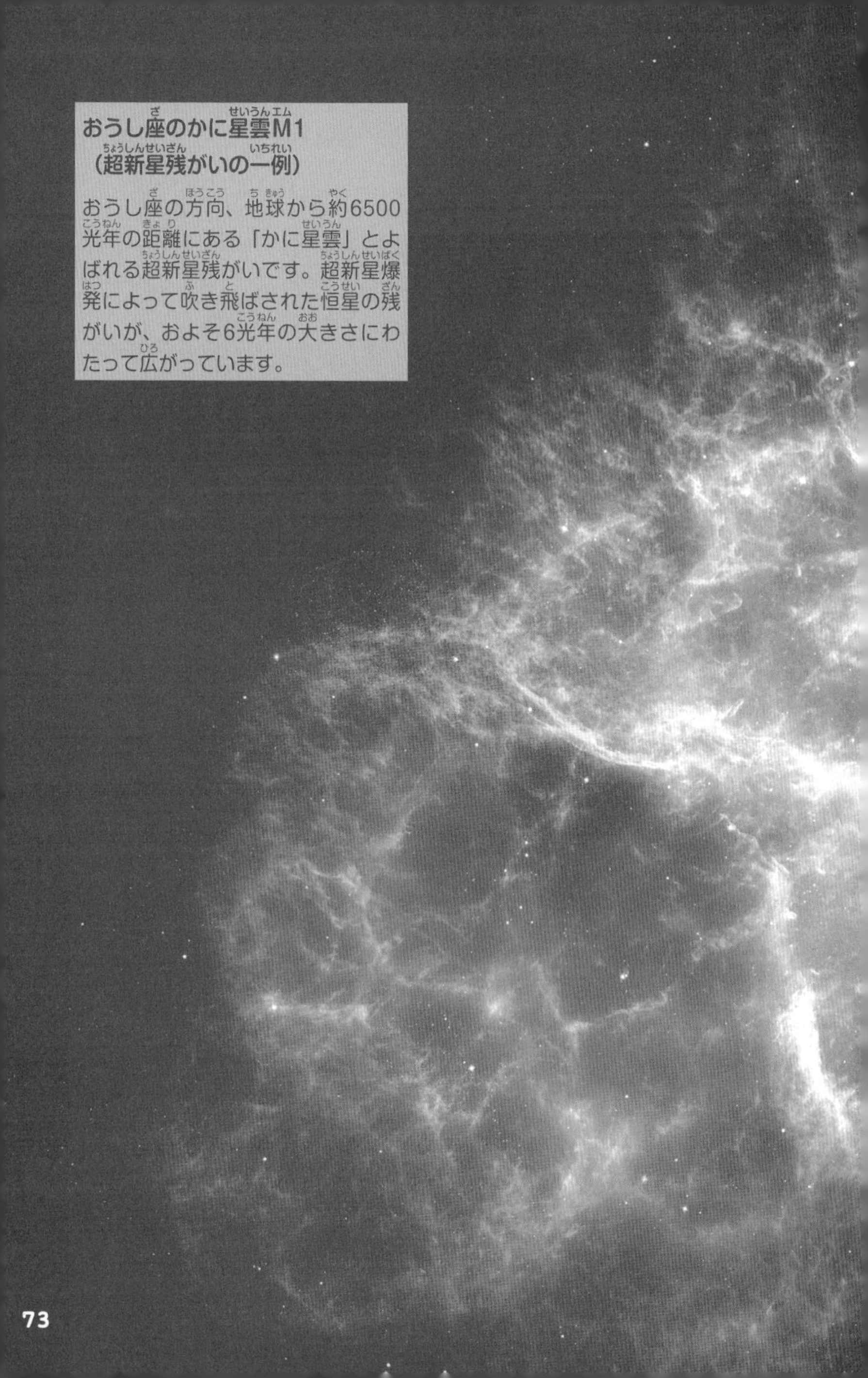

おうし座のかに星雲M1
（超新星残がいの一例）

おうし座の方向、地球から約6500光年の距離にある「かに星雲」とよばれる超新星残がいです。超新星爆発によって吹き飛ばされた恒星の残がいが、およそ6光年の大きさにわたって広がっています。

まちがいは① 重い星が最期におこすのは…

超新星爆発

太陽の8倍以上という質量の大きい恒星は、一生の最期に「超新星爆発」という大爆発をおこします。これによって星を形づくっていたさまざまな物質は猛烈ないきおいで宇宙空間にばらまかれます。爆発のあとは、ばらまかれた物質が輝いて、「超新星残がい」という天体がのこります。

超新星爆発がおきると、まるで新しい星が生まれたかのように、明るく輝きます。平安時代に「1054年に突如明るい星が出現した」ことが記録されています。これは地球から6500光年はなれた場所でおきた超新星爆発の光だったようです。このときにできた超新星残がいが前のページの「かに星雲」です。

冬の代表的な星座として知られているオリオン座。その中で最も明るくかがやいているのが「ベテルギウス」です。ベテルギウスは、近いうちに超新星爆発をおこす可能性が高いといわれています。

2-07 ブラックホール誕生

太陽の20倍以上重い星①が超新星爆発をおこすと大変ドロ
なんで？
爆発したあとにそこにブラックホール②ができるドロ
ブラックホール!?なんでも吸い込むっていう？
そうドロ一度吸い込まれたら光でさえ二度と出てくることはできない③ドロ
こわっ！
地球から最も近いブラックホールは10万光年先④にあるドロ
宇宙旅行ができるようになっても絶対近づかないぞ！

①〜④の中に、ウソが1つまじっているよ。どこかわかるかな…？

まちがいは④　地球から近いブラックホールは…

約1600光年先にある

非常に大きな恒星が超新星爆発をおこした場合、恒星の中心部分は自分の重力にたえきれずにつぶれ、ブラックホールになります。ブラックホールは大きな重力をもち、どんなもの（天体や光など）でも飲みこんでしまいます。一度飲みこまれてしまうと光ですら脱出できません。

ブラックホールが存在する可能性が理論的に示されたのは1916年のことです。このときはブラックホールが本当に存在するとはあまり信じられていませんでした。しかし1962年に、強力なX線を出す天体が発見されます。このX線はなんと、ブラックホールに吸い込まれるガスから発生するものでした。ブラックホールは本当に存在していたのです。

現在、ブラックホールは宇宙のいたるところにあると考えられています。地球から約1600光年先にもブラックホールがあるようです。74ページで紹介した「かに星雲」よりも近くにあるのですね。

ナオとニャーのヒソヒソ話

ホワイトホールってなに？

みなさんは、「ホワイトホール」という天体を知っていますか？　ブラックホールが強大な重力で何でも吸い込むのに対して、ホワイトホールは、内側から天体や光など、あらゆるものをはき出します。ブラックホールの反対のような天体ですね。

もしかすると、ブラックホールに吸いこまれた物質が「ワームホール」というトンネルを通って、別の場所にあるホワイトホールから出てくるという考え方もあります。

ただしホワイトホールは、理論的に予言されているだけで、天体観測ではまだ実際に確認されていません。

また、仮にホワイトホールが実際にあったとしても、観測することはできないという説もあります。

ミッション
MISSION

03

銀河(ぎんが)ってなに？

3-01 太陽系は天の川銀河の中にある

ねぇハカセ
太陽系の外にも
行ってみたいわ
よぉーし
じゃあワープじゃ！
太陽系はどこ？
それにあの明るい
うず巻きはなに？
太陽系はあの
うず巻きの中に
あるんじゃよ
あのうず巻きは
天の川銀河といって
①数百～数千個
②1000億～1兆個
ほどの星の集まりじゃ
その一つが太陽じゃな

①～②のうち、正解はどれかわかるかな…？

正解は② 天の川銀河の星の数は…

1000億〜1兆個

地球のある太陽系は、「天の川銀河」という星の集団に属しています。天の川銀河にはうずを巻いているように星たちが集まっています。およそ1000億〜1兆個の星が所属していると考えられています。太陽はその中の一つでしかありません。天の川銀河は「銀河系」という名前でよばれることもあります。

天の川銀河のような星たちの集団を「銀河」とよびます。宇宙には天の川銀河のほかにも、数千億〜数兆個の銀河があると考えられています。

天の川銀河のようにうずを巻いた銀河（うず巻き銀河、棒うず巻き銀河）だけでなく、だ円のような形をした銀河（だ円銀河）や、不規則な形をした銀河（不規則銀河）などが存在します。

今から100年ほど前までは、天の川銀河が宇宙全体だと考えられていましたが、アンドロメダ銀河が天の川銀河の外にあることが分かり、宇宙は無数の銀河が集まってできていることがわかりました。

3-02 天の川銀河は目玉焼き

天の川銀河は真ん中が明るくて目玉焼きみたいね
なんだかおいしそう
そうじゃな
天の川銀河は中央がふくらんだ円盤状①をしておるからな
中央の明るい部分に太陽があるのね!?
天の川銀河の中央は若い星の集団で②バルジ③とよばれている
太陽はバルジからはなれたところ④にあるんじゃよ
私たちが暮らしているのは白身なのね
もぐ もぐ
黄身のほうが好きなのにな
どこから目玉焼き持って来た?!

①～④の中に、ウソが一つまじっているよ。どこかわかるかな…?

バルジ

たて−ケンタウルス腕

いて腕

天の川銀河のイメージ

太陽系の位置

オリオン腕

ペルセウス腕

まちがいは② バルジには…

年老いた星が密集している

天の川銀河は、まるで目玉焼きのような形をしています。その黄身にあたる部分、すなわち中心にある球状の構造は「バルジ」とよばれます。バルジには年老いた黄色い星がたくさん集まっています。天の川銀河のバルジは、完全な球状というより、やや細長い棒状の形をしています。

そのバルジの両端からはうず状の構造がのびています。これを「腕」といいます。代表的なのが「ペルセウス腕」と「たて—ケンタウルス腕」です。これらの2本の腕よりも細い「いて腕」の、さらに支流である「オリオン腕」に太陽系は位置しています。天の川銀河の中心から約2万6000光年はなれた場所です。私たちは、天の川銀河の〝郊外〟に住んでいるのです。

太陽系は天の川銀河の円盤面を上下しながら、約2億年という長い年月をかけて、天の川銀河を1周して(公転して)います。

3-03 天の川の正体

天の川銀河って夜空に見える天の川と何か関係あるの？
大アリじゃ！天の川の正体こそ天の川銀河なんじゃ
どういうことよ？天の川銀河は目玉焼きでしょ！
あぁ天の川銀河は①直径約10万光年②直径約1億光年の円盤じゃ
でもこれを横から見ると……
ほれ これが天の川の正体じゃ
なるほど〜天の川は目玉焼きを横から見たものだったのね

 ①〜②のうち、正解はどれかわかるかな…？

正解は①　天の川銀河の直径は…

約10万光年

「天の川の正体は何か」という問いにはじめて科学的な答えをあたえたのは、17世紀に活躍したイタリアの科学者ガリレオ・ガリレイです。１６１０年、ガリレオは発明されたばかりの望遠鏡を使って、ぼんやりとかがやく天の川が無数の星の集団であることをつきとめました。その後さまざまな観測が重ねられ、天の川は、円盤状にたくさんの星が集まったものであることがわかりました。私たちはその星の集団の中にいたのです。

現在では、天の川は「天の川銀河を内側から真横に見たもの」であることがわかっています。太陽系が所属する天の川銀河の直径はおよそ10万光年です。バルジの厚さは1万５０００光年ほど、太陽付近の円盤の厚さは２０００光年ほどです。円盤部分はかなりうすいのですね。

地球から天の川を見たときにとくに明るく広がっているところは、天の川銀河の中心にある

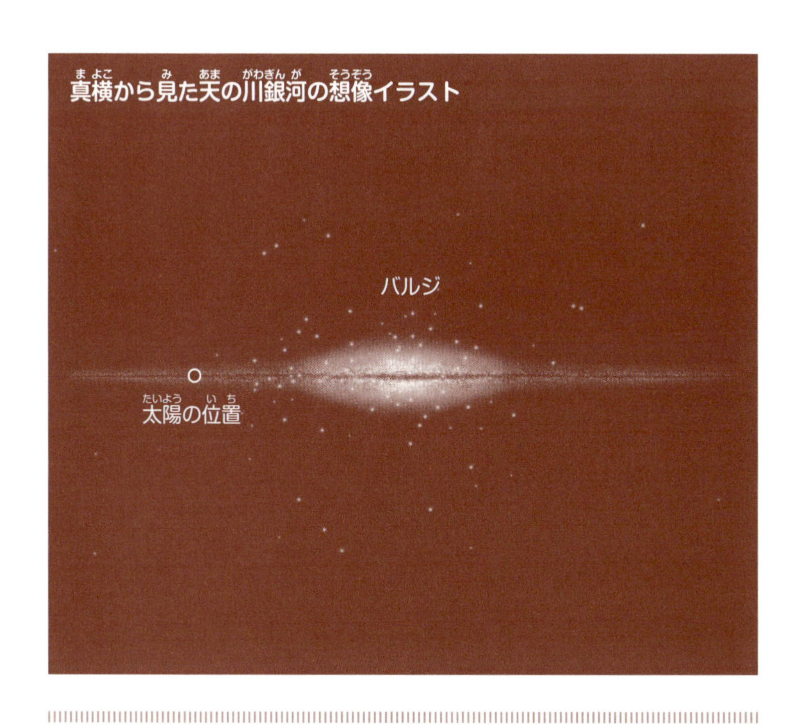
真横から見た天の川銀河の想像イラスト
バルジ
太陽の位置

バルジの方向にあたります。バルジは、夏の星座のいて座やさそり座の方向にあるので、それらの星座の方向の天の川は、明るいのです。

　また、天の川には黒い筋が走っているように見えますが、これは濃いちりやガスによって、おくからやってくる光がさえぎられているためで、星がないわけではありません。

天の川
ESO/B. Tafreshi (twanight.org)

3-04　銀河の中心にはブラックホールがある

天の川銀河の中心にはなにがあるの？
天の川銀河の中心にも行ってみようかの
ブラックホールじゃ
ブ、ブラックホール!?
それも普通のブラックホールじゃないぞ
太陽の
①400倍の質量
②400万倍の質量
をもつ超巨大ブラックホールじゃ
天の川銀河ちょうやべえ

①～②のうち、正解はどれかわかるかな…？

正解は② 天の川銀河の中心のブラックホールは…

太陽の400万倍の質量をもつ

天の川銀河の中央に向かうと、やがてたくさんの星が集まった「バルジ」が見えてきます。まばゆいばかりのバルジの中へとさらに突き進むと、最終的に巨大なブラックホールにたどりつきます。これこそ、地球から2万6000光年の距離にある、私たちの天の川銀河の中心です。

天の川銀河の中心にあるブラックホールは、あまりにも巨大です。その質量は、なんと太陽のおよそ400万倍です!

76ページに登場した超新星爆発でできるブラックホールは、太陽の10倍ほどの質量です。天の川銀河の中心にあるブラックホールはそれよりもけたちがいに大きいのです。

天の川銀河にかぎらず、多くの銀河の中心には超巨大ブラックホールがあると考えられています。しかし、いったいどうやってここまで大きなブラックホールが誕生したのかはよくわかっていません。

3-05　雲のような銀河

天の川銀河のほかにも銀河ってあるの？
あぁこの宇宙には数千億～数兆個①の銀河があるようじゃぞ！別の銀河も見てみよう！
これが天の川銀河のお隣の銀河といわれる大マゼラン雲と小マゼラン雲じゃ！
雲？
地球から肉眼でも確認できて②まるで雲のように見えるんじゃ
じゃがどちらもれっきとした銀河じゃよ
大マゼラン雲は地球から16万光年③小マゼラン雲は20万光年④の距離にある
どちらの銀河もうず巻き模様がはっきりと見える⑤ぞ

①～⑤の中に、ウソが一つまじっているよ。どこかわかるかな…？

まちがいは⑤　大マゼラン雲と小マゼラン雲は…

うず巻き模様がない

「マゼラン雲」は地球の南半球から見える銀河です。マゼラン雲は「大マゼラン雲」と「小マゼラン雲」の二つの銀河からなり、それぞれ地球から「16万光年」と「20万光年」しかはなれていません。

直径はいずれも天の川銀河の10分の1程度しかなく、うず巻き模様もありません。「不規則銀河」という種類に分類されます。

天文学者たちはかつて、大小マゼラン雲は天の川銀河の中にある星雲だと考えていました。しかし、マゼラン雲の中の星までの距離がわかるようになると、マゼラン雲は天の川銀河の外にある銀河だということが明らかになりました。そのため〝雲〟という字が入っていますが、星雲などではなく、れっきとした銀河です。

3-06 接近するアンドロメダ銀河

地球から見える銀河で有名なのはアンドロメダ銀河じゃろうな
およそ250万光年の距離にあるとても巨大な銀河じゃ
光でも250万年……
気が遠くなるほどの距離ね
じゃがなアンドロメダ銀河はものすごい速さで近づいておる
およそ①4000年後②40億年後に天の川銀河とアンドロメダ銀河は衝突すると考えられておるぞ
アンドロメダの住人がすぐ近くに会いに来てくれるのね!

 ①~②のうち、正解はどれかわかるかな…?

正解は② 二つの銀河の衝突は…

約40億年後

「アンドロメダ銀河」は、地球から250万光年の距離にある銀河です。直径は22万～26万光年と、天の川銀河の2倍以上もあります。地球からは望遠鏡を使わなくても見える銀河です。天の川銀河と同じようにうずを巻いていますが、地球からは真横に近い方向からながめることになるので、細長いだ円形に見えます。

アンドロメダ銀河もかつては、天の川銀河の中にある星雲のひとつと考えられていたため、アンドロメダ星雲とよばれていました。しかし天の川銀河の外にあることがわかったため、アンドロメダ銀河とよばれるようになりました。

現在、アンドロメダ銀河は秒速約120キロメートルという猛スピードで天の川銀河に接近しています。そしていつかは両者は衝突してしまうでしょう。それでも安心してください。それは約40億年後のことですから。

3-07　宇宙の泡

この旅でおとずれた宇宙のサイズを見てみよう

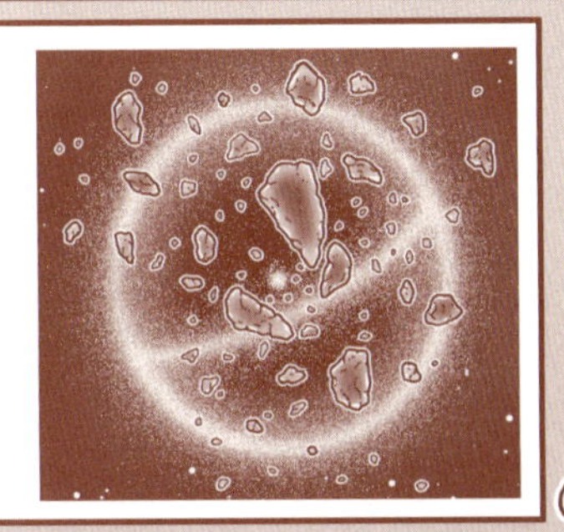

まず太陽系をおおうオールトの雲の直径がおよそ1光年①くらいじゃった

そして天の川銀河の直径が10万光年②ほどじゃ

このなかにすばるなどの有名な天体がたくさんあるぞ

そしてこの宇宙で銀河は泡のように分布しておる一つの泡の大きさは数百万光年ほど③じゃ
私たちの地球はちっぽけな存在なのね

①～③の中に、ウソが一つまじっているよ。どこかわかるかな…?

まちがいは③　泡の大きさは…

数億光年

宇宙をとても大きなスケールで見ると、銀河がほとんどない空洞のような場所があります。これを「ボイド」といいます。無数の銀河はボイドをとりかこんで存在しているのです。そのようすはまるで、たくさんの泡がつらなっているようですね。

無数の銀河がつくるこの泡模様を天文学では「宇宙の大規模構造」といいます。これが人類が知る最も大きなスケールの宇宙の構造です。ボイド（泡の内部）の直径はおよそ数億光年にもおよびます。銀河の大規模構造は、遠くにある銀河を丹念に調べることで、1986年にはじめて観測されました。

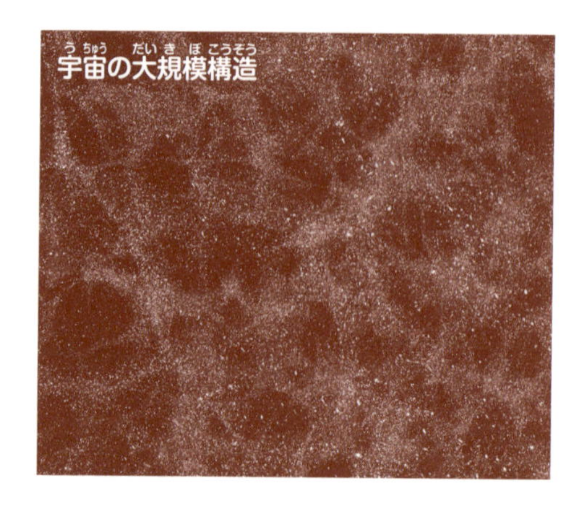
宇宙の大規模構造

ナオとニャーのヒソヒソ話

ブラックホールの姿が見えた!

強大な重力をもつブラックホール。光すら吸い込む真っ暗な天体です。そのためブラックホールを直接撮影して存在を証明するのは、長く困難とされてきました。

しかし2019年、日本の国立天文台も協力する国際共同研究チームが、史上初めてブラックホールの影を撮影することに成功し、その画像が公開されました。撮影されたのは、M87という銀河の中心にある、太陽の65億倍の質量をもつ超巨大ブラックホールです。

さらに私たちの天の川銀河の中心にある超巨大ブラックホールの撮影にも成功し、2022年に画像が公開されました（左の画像）。光子リングとよばれる光の中央にブラックホールの影がうつっています。

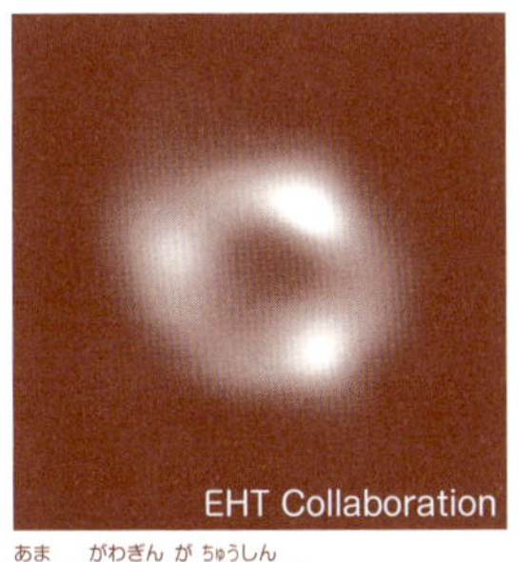
EHT Collaboration

天の川銀河中心のブラックホール

ミッション
MISSION

04

宇宙(うちゅう)はどうやってできた？

4-01　風船みたいな宇宙

ねぇ宇宙って今も昔もずっとこのままなの?
ちがうドロ 実は宇宙はどんどん
①
②
ふくらんでいるドロ
縮んでいるドロ
えーーー!
宇宙ってふくらんだり縮んだりできるの?
風船みたい!
ぷ

①と②のうち、正解はどちらかわかるかな…?

正解は① 宇宙は…

ふくらんでいる

1929年、アメリカの天文学者、エドウィン・ハッブルは、さまざまな銀河を望遠鏡で観測してある事実に気づきました。それはなんと「遠くの銀河ほど、速いスピードで遠ざかっている」ということです。

この法則性は、ハッブルと、その少し前に同じ法則を見つけた人物の名前をとって「ハッブル=ルメートルの法則」とよばれています。

科学者たちは、これを「宇宙がふくらんでいる」ことの証拠だと考えています。宇宙がふくらむことで銀河と銀河の間の距離がのびるために、銀河が遠ざかっている、というわけです。実は宇宙がふくらんでいたとはおどろきですね。

ただし、宇宙がふくらんでいるからといって、太陽系や銀河はふくらみません。星や惑星は重力で結びついています。宇宙がふくらむ効果は弱く、それらをふくらませることはできないのです。当然、私たちの体が膨張することもありません。

4-02 宇宙にははじまりがある

時間を過去に
巻きもどしていくと
宇宙は小さくなって
いずれつぶれる①ドロ
その時点が
宇宙の誕生②と
考えられているドロ
この宇宙に
はじまりが
あったんて……
それはいつごろなの？
今から138万年前③ドロ
宇宙はとても
小さなサイズから④
はじまったドロ
大きな宇宙にも
小さかった時代が
あったんだね
Happy Birthday

 ①～④の中に、ウソが一つまじっているよ。どこかわかるかな…？

まちがいは③　宇宙誕生は…

138億年前

宇宙が膨張しているということは、過去にさかのぼるほど、宇宙は小さかったことになります。さらにどこまでも過去にさかのぼれば、最終的に宇宙全体が〝つぶれる〟ことになり、それ以上、過去にさかのぼることはできなくなります。この時点が宇宙のはじまりだと考えられています。宇宙がはじまったのは138億年前だと考えられています。

ただし、宇宙がどのように誕生したのか、そして宇宙が誕生する前には何があったのかは、さまざまな仮説が提唱されており、よくわかっていません。

現在有力とされている仮説は、「宇宙は時間も空間もない『無』から生まれた」というものです。何もない「無」から突如、小さなサイズの宇宙が誕生したのではないか、というのです。

4-03 アツアツの宇宙ができた

小さな宇宙からいったいどうやって今の宇宙になったの?
宇宙の138億年の歴史を見ていくドロ
138億年前宇宙は火の玉のような状態で誕生して膨張をはじめたドロ
これを「ビッグバン」①というドロ
このときの宇宙は灼熱状態②で光が飛び交うまばゆい世界③だったドロ
宇宙は何度くらいだったの?
あっつそ〜!
1万度ほど④と考えられているドロ
とんでもなく暑い宇宙だったドロ
熱い

 ①〜④の中に、ウソが一つまじっているよ。どこかわかるかな…?

まちがいは④　誕生直後の宇宙は…

1兆度をはるかに超える

小さな灼熱の宇宙が膨張をおこして宇宙は誕生した。このような考え方を「ビッグバン宇宙論」といいます。このことを提唱したのはロシア生まれの物理学者ジョージ・ガモフです。

しかしこの考えにイギリスの天文学者フレッド・ホイルが猛反発します。「宇宙が大爆発（ビッグバン）からはじまったとは考えられない」とラジオ番組の中で批判したのです。このときのビッグバンというよび名がガモフの理論の名前として定着しました。

現在では、ビッグバンの証拠が見つかっています。大昔の宇宙は灼熱状態だったため、光り輝いていたはずです。そのときの光の〝なごり〟が電波として観測されたのです。この電波を「宇宙背景放射」といいます。

ビッグバンの瞬間にどれくらいの温度があったかはよくわかっていませんが、1兆度をはるかにこえるほどはあったと考えられています。

4-04 宇宙に物質が生まれた

ビッグバンによって宇宙には物質①ができたドロ
物質？岩石とか鉄とか？
ちがうドロ 宇宙は熱すぎて物質はばらばらの小さな小さな粒②だったドロ
この粒を素粒子③というドロ
素粒子
素粒子から普通の物質ができたの？
そうドロ 時間がたって宇宙が冷えていくと素粒子どうしがくっついていったドロ
そして宇宙誕生からおよそ38万年後に酸素や水④ができたドロ
星の材料だね！
素
素

①～④の中に、ウソが一つまじっているよ。どこかわかるかな…？

まちがいは④　38万年後に…

水素やヘリウムができた

灼熱の宇宙では物質がつくられました。ただし、宇宙はあまりにも熱く、このときつくられた物質はばらばらの状態でした。

ここで物質の構造についておさえておきましょう。左のページのイラストを見てください。私たちの身のまわりのものはすべて「原子」という小さな粒がたくさん集まってできています。石ころも水も私たち自身も、すべては原子の集まりです。原子はあまりに小さすぎて粒を目で見ることはできません。

原子をくわしく見てみると、中央に「原子核」という粒があり、そのまわりを「電子」という粒がまわっています。

そして原子核はさらに陽子と中性子という粒でできています。原子の種類によって、原子核の陽子の数が変わります。たとえば最も軽い原子である「水素原子」は原子核に陽子が1個だけです。原子核に陽子が2個あると「ヘリウム原子」となります。

さて、陽子と中性子をもっと

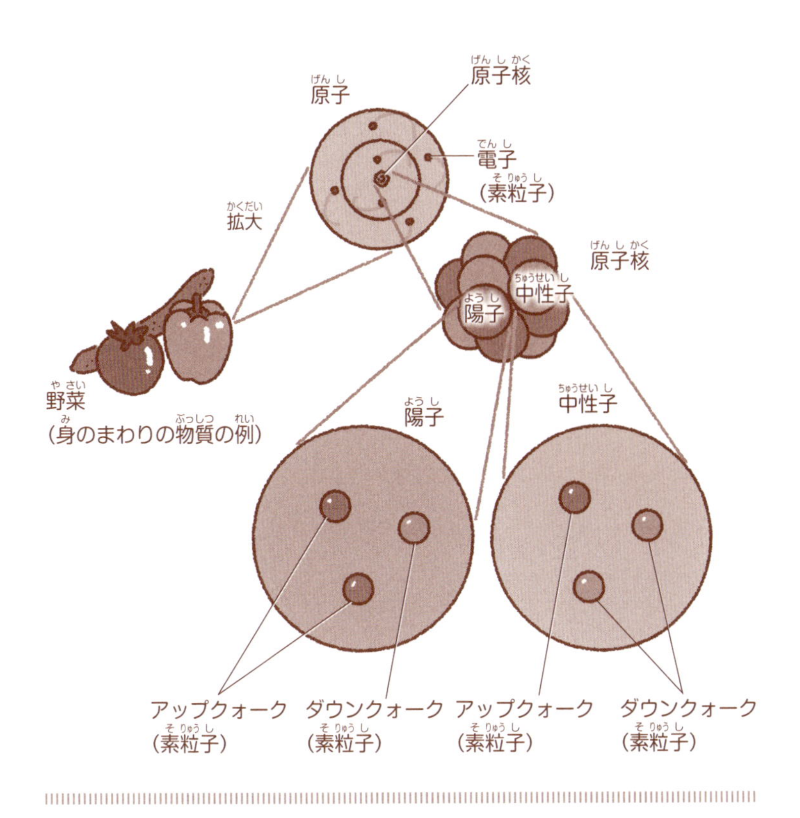
原子
原子核
電子
(素粒子)
拡大
原子核
中性子
陽子
野菜
(身のまわりの物質の例)
陽子
中性子
アップクォーク
(素粒子)
ダウンクォーク
(素粒子)
アップクォーク
(素粒子)
ダウンクォーク
(素粒子)

細かく見てみましょう。するとこれらの粒も、もっと小さな粒でできています。陽子や中性子をつくる粒を「クォーク」といいます。ここが物質を細かく見ていったときの終着点です。このクォークと電子は、それ以上、小さな粒に分けることはできず、自然界の最小の粒だと考えられています。このように、それ以上分割できない、ものすごく小さな粒を「素粒子」といいます。

ビッグバンの宇宙ではじめて

誕生した物質とは、この素粒子のことです。宇宙はあまりに熱くてさまざまな素粒子がばらばらに空間をとびかっているような世界だったと考えられています。

その後、時間がたつにしたがって、宇宙は冷えていき、素粒子たちがじょじょに結びつくようになります。宇宙誕生から約1万分の1秒後、バラバラに飛び交っていたクォーク（素粒子）どうしが結びついて陽子と中性子ができました。水素の原子核は陽子が1個だけなのでこのとき水素原子核ができたことになります。

さらに宇宙誕生から3分後には陽子や中性子が結びつき、ヘリウム原子核などができました。

そして宇宙誕生から38万年後、宇宙の温度が3000度程度にまで下がったころ、ついに原子核と電子が結びついて、水素やヘリウムといった軽い原子が誕生しました。これらの原子がいずれ星の材料となります。

4-05 星が生まれた！

星はどうやって生まれたの？
しばらくは天体のない暗黒の時代がつづいた①ドロ
でもこの時代に長い時間をかけて水素やヘリウムのガス②が集まっていったドロ
星はガスの雲から生まれるんだったね！
そうドロ ガスが集まってついに最初の星が生まれたドロ
太陽よりもずっと小さくて暗かった③ドロ
おぉ！ ついに宇宙に最初の明かりがともったんだね！

 ①〜③の中に、ウソが一つまじっているよ。どこかわかるかな…？

まちがいは③ 最初の星は太陽よりも…

大きくて明るかった

原子が誕生したあと、宇宙はとくに変化のない状態がしばらくつづきます。この「宇宙の暗黒時代」は、水素とヘリウムのガスだけがただよう世界だったようです。しかしこの間にガスは少しずつ集まり、密度の高いかたまりがいくつもできました。そして、これらは恒星に成長しました。

やがてその中心部で核融合反応がはじまると、恒星たちは明るく輝きはじめました。これが、宇宙にはじめて登場した天体「ファーストスター」(第1世代の星たち)です。太陽よりもうんと大きくて明るかったと考えられています。宇宙誕生から3億年後までには誕生していたようですが、いつできたのかはよくわかっていません。

やがてファーストスターは寿命をむかえ、超新星爆発をおこします。これにより、宇宙空間にはガスやさまざまな種類の原子がばらまかれました。これらをもとにして、また次の世代の星たちがつくられたのです。

4-06 銀河が生まれた！

銀河も生まれたの？
ガスのかたまり①から星が生まれてやがて銀河もできたドロ
でも生まれたばかりの銀河は星が少なくて②とても一人前とはいえなかったドロ
おぎゃあ
おぎゃあ
早く大人になるぞ…！
じゃあどうやって銀河は一人前になったの？
吸収ドロ！
星を1個1個吸い込んで③大きくなっていったドロ

 ①〜③の中に、ウソが一つまじっているよ。どこかわかるかな…？

まちがいは③　銀河は…

合体と衝突で成長した

宇宙の暗黒時代に成長した密度の高いガスのかたまりからは、銀河も生まれました。宇宙で最初にできたのは少数の恒星からなる銀河の種だったと考えられています。

そこにどれくらいの数の恒星があったのか、またいつ誕生したのかはよくわかっていません。銀河はその後、何億〜何十億年という時間をかけて衝突や合体をくりかえし、より大きな〝一人前の銀河〟へと成長していったと考えられています。なお、銀河どうしの衝突や合体は、宇宙誕生から約30億年の間によくおきていたようです。

銀河どうしが
衝突するなんて
怖いニャ

4-07 太陽と地球の誕生

太陽や地球はどうやってできたの？
宇宙誕生から約92億年後①炎の中から②太陽の種が生まれたドロ
そしてそのまわりには円盤が形成されたドロ
円盤？
ちりとガス③が太陽を取り巻いていたんだドロ
その中でちりが合体④をくりかえして地球をはじめとする惑星のもとになったドロ
銀河も惑星もみんな合体して大きくなるんだね！

①～④の中に、ウソが一つまじっているよ。どこかわかるかな…？

まちがいは②　太陽が生まれたのは…

濃いガスやちりの中

太陽系は、宇宙誕生から92億年後、今から46億年前に誕生しました。まず、宇宙空間でガスの濃い部分が、みずからの重力で収縮していき、原始の太陽が誕生します。するとその周囲にはガスとちりでできた円盤が形成されます。

このちりが衝突合体することで、太陽のまわりに直径数キロメートルから数十キロメートルの「微惑星」が誕生しました。この微惑星がさらに衝突合体をくりかえして、最終的に地球をふくむ惑星たちが生まれたのです。

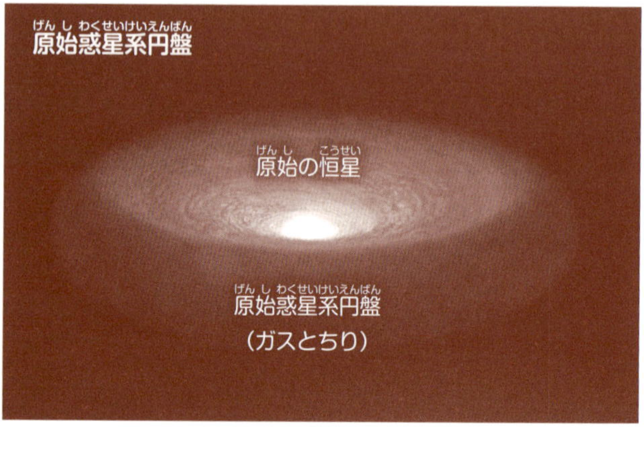

原始惑星系円盤

原始の恒星

原始惑星系円盤
（ガスとちり）

ナオとニャーの
ヒソヒソ話

見えるのは過去のすがた？

宇宙はとても広大で、光をもってしても、遠くの宇宙に行くにはばくだいな時間がかかります。そのため、遠くの宇宙を見るときには、必ず過去の姿を見ていることになります。

たとえば、太陽から地球まで光が届くのには8分かかります。ですから今地球から見えている太陽は8分前の姿なのです。また最も近くの恒星であるケンタウルス座プロキシマ星は地球から約4.2光年の距離にあるので、4.2年をかけて光が届きます。つまり望遠鏡で見えるのは4.2年前の姿ということになります。250万光年はなれたアンドロメダ銀河であれば、250万年前の姿です。

このように宇宙の遠くからやってくる光を観測すれば、過去の宇宙のようすを知ることもできるのです。

ミッション
MISSION

05

宇宙(うちゅう)をめざせ！

5-01 望遠鏡で宇宙は広がった

宇宙のいろんな発見は
望遠鏡のおかげが
大きいドロ
ぼくも望遠鏡
もってるよ！　望遠鏡は
いつ発明されたの？
17世紀の
はじめごろドロ
望遠鏡が発明
されたことで
①地動説
②天動説
を裏付ける証拠が
見つかったドロ
太陽のまわりを
地球がまわっている
ことが明らかに
なったんだね
そうドロ
さらに現在では地球の
空気に邪魔されないように
宇宙に打ち上げられた
望遠鏡たちもあるドロ
宇宙望遠鏡
宇宙での天体観測！
星がきれいなんだろうな～

 ①～②のうち、正解はどちらかわかるかな…？

正解は①　正しいのは…

地動説

中世までは、地球は宇宙の中心にあり、そのまわりを太陽や惑星などがまわっていると考えられていました。これを「天動説」といいます。天動説は1000年以上信じられてきました。

ところが、16世紀にあらわれた天文学者コペルニクスは、複雑すぎる天動説に疑問をもちます。コペルニクスは、中心に太陽があって、そのまわりを惑星がまわっているとすると、惑星の動きが簡単に説明できることに気がつきました。これを「地動説」といいます。

コペルニクスの地動説は、当時の人たちの宇宙の見方を大きくかえました。しかしなかなか信じてもらえませんでした。そんな中、ハンス・リッペルハイが望遠鏡を発明します。このことを知った17世紀の科学者ガリレオ・ガリレイは、自分でもっと性能のよい望遠鏡をつくりました。その望遠鏡を使って観察したところ、惑星が太陽のまわりを公転するという、地動説の正しさを示す結果を得たのです。

すばる望遠鏡

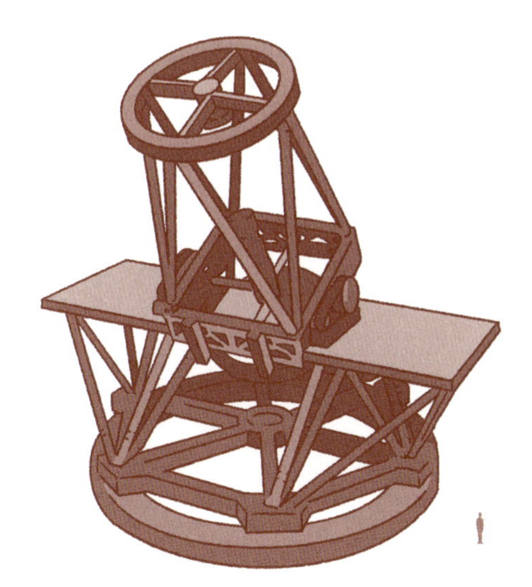

日本の国立天文台がハワイのマウナケア山山頂に建設した大型の望遠鏡です。世界最大級の口径8.2メートルの主鏡で光を集めます。地球から遠くはなれた銀河を観測して、遠い昔の宇宙にせまる発見をしています。

その後も、多くの人が望遠鏡の性能をよくする努力をつづけました。こうした望遠鏡のおかげで、宇宙の姿が少しずつわかっていったのです。

現在の望遠鏡は目に見える光だけでなく、目には見えない電波や赤外線、紫外線などをとらえることもできます。また宇宙からやってきた電磁波の大部分は大気に吸収されてしまうので、宇宙で観測を行う「宇宙望遠鏡」も開発されています。

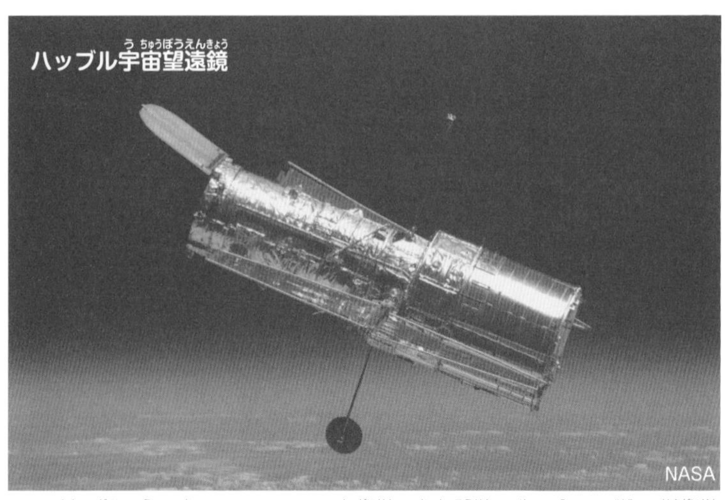
ハッブル宇宙望遠鏡
NASA

1990年4月に打ち上げられました。紫外線，可視光線（目に見える光），赤外線を観測します。これまでにさまざまな宇宙の大きな発見に貢献してきました。

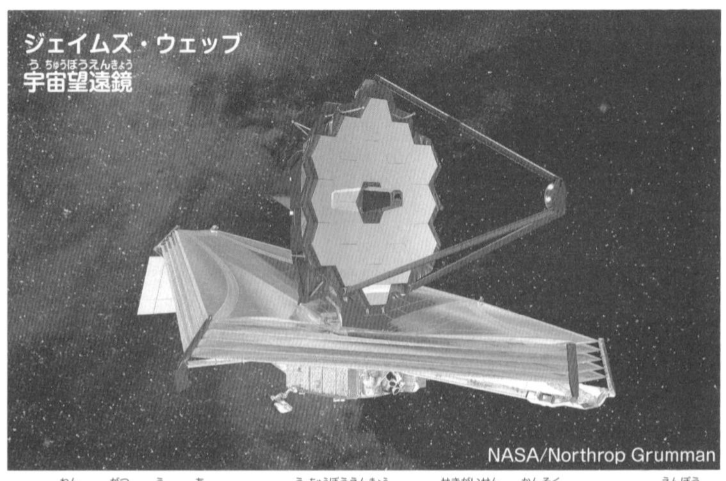
ジェイムズ・ウェッブ
宇宙望遠鏡
NASA/Northrop Grumman

2021年12月に打ち上げられた宇宙望遠鏡です。赤外線を観測することで遠方の宇宙や濃いちりの内部などを撮影する能力をもっています。

5-02　人類は宇宙に飛び出した

人工衛星が宇宙にはじめて行ったのはいつごろなの？
1957年①にソ連が打ち上げたスプートニク1号②が人類最初の人工衛星だったドロ
球形をしていて90日以上地球のまわりをまわったドロ
人が行ったのは？
スプートニク1号
1990年③ドロ ユーリイ・ガガーリンを乗せたソ連のボストーク1号④が地球を108分間で1周してもどってきたドロ
108分間の宇宙旅行かポップコーンとコーラがほしくなるね
ボストーク1号
ガガーリン

 ①～④の中に、ウソが一つまじっているよ。どこかわかるかな…？

まちがいは③　人類初の宇宙旅行は…

1961年

1957年10月、旧ソビエト連邦（ソ連＝現在のロシアと周辺の国からなっていた国）は、人工衛星「スプートニク1号」を打ち上げ、地球のまわりをまわるコースに乗せました。
人工衛星が地球をまわりつづけるには、高度200キロメートル以上で、水平方向に秒速7・9キロメートルの速さ「第1宇宙速度」をもたなければなりません。スプートニク1号は、この〝かべ〟を乗りこえて宇宙に飛びだした、人類初の人工物でした。
また1961年には、人を宇宙に送りだすことにも成功しました。ユーリイ・ガガーリンを乗せた旧ソ連の「ボストーク1号」は、地球を108分間で1周して地上にもどったのです。
アメリカも宇宙開発に乗りだすため、1958年にNASA（アメリカ航空宇宙局）を立ち上げます。

5-03 アポロ計画

かつてソ連とアメリカは熾烈な宇宙開発競争を繰り広げていたドロ
ソ連
アメリカ
初の人工衛星もガガーリンさんもソ連だったたね
アメリカも負けていないドロ
1969年①にはアメリカのアポロ11号②によって人類がはじめて月面に立ったドロ
写真で見たことある！
月のうさぎはつかまえられたの？
かわりに月の空気③をもってかえってきたドロ
月にウサギはいないドロ
えーウサギの方がいい！

 ①～③の中に、ウソが一つまじっているよ。どこかわかるかな…？

NASA

月面に立つバズ・オルドリン宇宙飛行士。右上に見えるのは着陸船イーグルです。ニール・アームストロング船長が撮影しました。

まちがいは③　持ち帰ったのは…

月の石

ソ連との宇宙競争を繰り広げる中でアメリカが進めたのが月に人を送る「アポロ計画」です。最初は無人のテスト飛行がつづきましたが、1968年10月、3人の飛行士を乗せた「アポロ7号」が、地球のまわりをまわるテスト飛行に成功します。

この成功により、12月に「アポロ8号」が打ち上げられ、月のまわりを10周して帰ってきました。その後も、9号と10号で最終テストが行われ、月へ向かう準備がととのえられました。

そして1969年7月20日、ニール・アームストロング船長とバズ・オルドリン飛行士を乗せた「アポロ11号」の着陸船「イーグル」が、ついに月面に着陸しました。人類が、はじめてほかの天体に降り立った瞬間でした。二人の宇宙飛行士は、月面に約21時間半滞在し、2時間31分の船外活動を行いました。そして月の石を採取しました。その後、上空で待機していた司令船「コロンビア」と合流し、無事地球に帰還しました。

5-04 スペースシャトル

宇宙開発で最も活躍したといえるのがNASAのスペースシャトル①ドロ
たくさんの人工衛星を運んだりしたドロ
シャトルに乗って宇宙に行く古い映画を見たことあるよ
スペースシャトルは1981年から2011年までの30年間に135回②も打ち上げられたドロ
ただ一度打ち上げると帰ってこずに再利用できなかった③ドロ
お金などが理由で2011年に引退したドロ
ざんねん

①〜③の中に、ウソが一つまじっているよ。どこかわかるかな…？

まちがいは③　スペースシャトルは…

再利用できる

NASAがつくった「スペースシャトル」は、人類の宇宙開発を大きく進めた宇宙船です。

スペースシャトルは、1981年4月にはじめて打ち上げられました。役割は、人工衛星や探査機を打ち上げたり、宇宙空間での実験に使われたりとさまざまで、国際宇宙ステーションをつくるときにも活躍しました。

スペースシャトルの特徴は、宇宙へ飛びだしたあと、飛んで（滑空して）地球にもどることで、また利用できることです。

それまでロケットは1度きりしか使えませんでしたが、スペースシャトルで使い捨てになるのは、外部燃料タンクだけでした。

ただ、再利用できるといっても維持するコストは高く退役が決まりました。2011年7月にすべての役割を終えるまでの30年間に、スペースシャトルは135回も打ち上げられました。打ち上げのようすはだれでも見ることができ、多くの人が感動しました。

5-05 国際宇宙ステーション

地上4万キロ上空①の宇宙には大きな基地があるドロ
宇宙基地!?
かっこいい！
国際宇宙ステーションISS②というドロ
いろんな国の宇宙飛行士たち③が滞在しているドロ
すっげぇ！
そこではいったい何をしているの？
無重力を利用した科学実験や天体観測④などを行っているドロ
その大きさはサッカー場ほど
質量は約420トンにもなるドロ
そんなものどうやって宇宙に運んだんだろう
宇宙で組み立てた⑤ドロ！
1999年から組み立てて2011年に完成したドロよ

 ①～⑤の中に、ウソが一つまじっているよ。どこかわかるかな…？

NASA

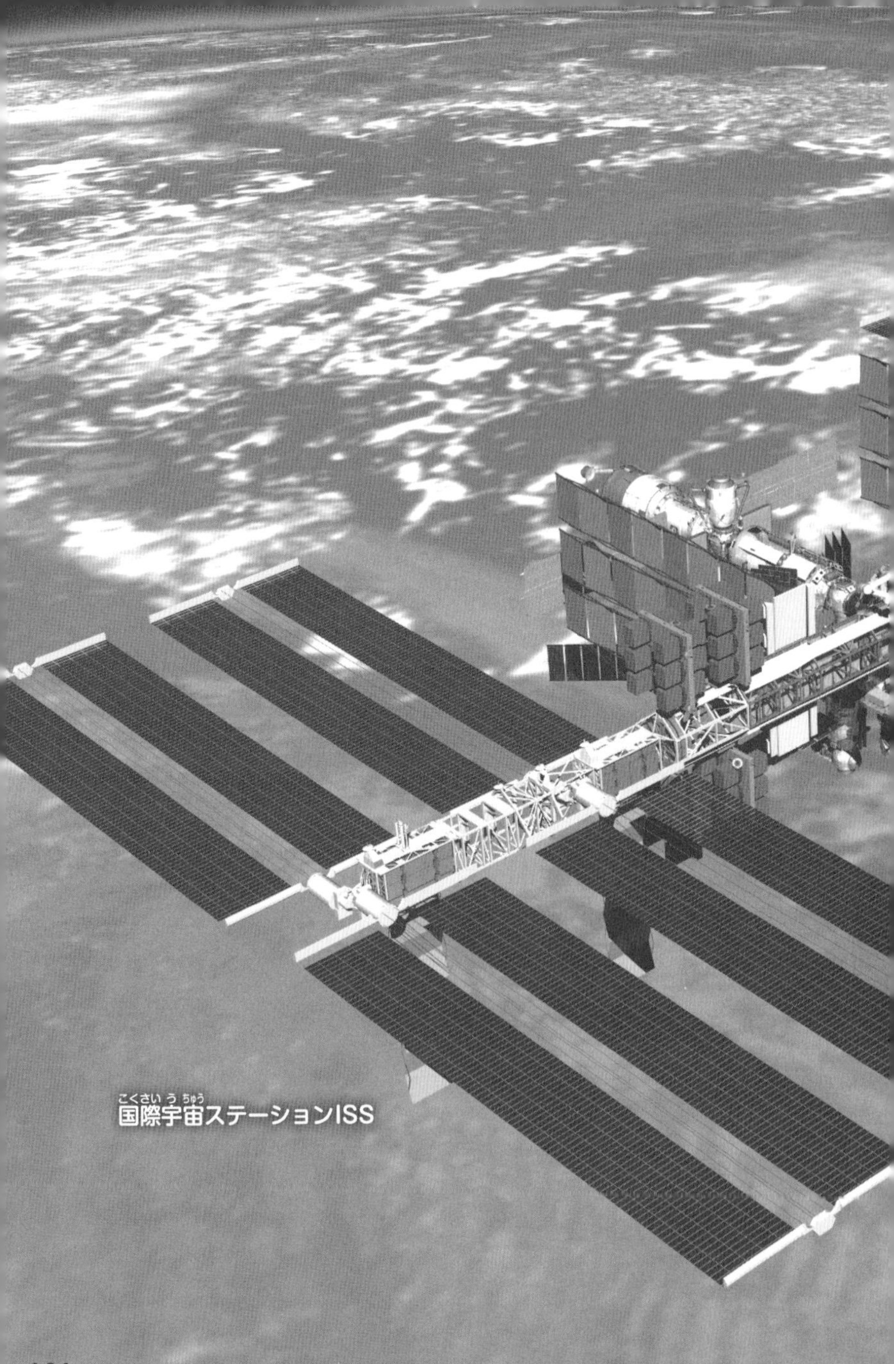

国際宇宙ステーションISS

まちがいは①　宇宙ステーションがあるのは…

地上400キロメートル

人類は、宇宙で人が活動できる「宇宙ステーション」をつくることにも成功しています。なかでも、地上４００キロメートルの宇宙にうかぶ実験施設「国際宇宙ステーションＩＳＳ」はこれまでで最大のもので、１９９９年に宇宙での組み立てがはじまり、２０１１年に完成しました。

ＩＳＳは、参加国であるアメリカ、ロシア、日本、カナダ、ＥＳＡ（ヨーロッパ宇宙機関）がそれぞれ別につくったパーツが組み合わされています。日本がつくった部分は「きぼう」とよばれ、船内実験室や、船外のロボットアームなどからなります。

ＩＳＳに宇宙飛行士が滞在をはじめたのは、２０００年11月からです。日本人をふくむ各国の飛行士たちが、数か月間という長い時間生活をともにしながら、無重力の空間を利用したさまざまな実験や研究、天体観測などが行われています。

5-06　火星に住もう！

太陽系のほかの天体の調査には行けないの？
いろんな探査やプロジェクトが進んでいるドロ
たとえば月を周回する基地①を2028年につくる計画が進んでいるドロ
月や海王星②有人探査のための中継基地③になるドロ
僕も月の調査に行きたいな！
火星の調査も熱いドロ
火星は生命がいる可能性のある天体ドロ
いつかは火星に調査基地なんかもできるかもしれないドロね
火星基地のイメージ

 ①～③の中に、ウソが一つまじっているよ。どこかわかるかな…？

まちがいは② 目標としているのは…

月や火星の有人探査

人類の宇宙開発はどんどん進み、人を月面に送ったり、巨大な宇宙ステーションを建設したりするまでになりました。このまま進みつづけると、月や火星といった地球以外の天体に基地をつくることができるかもしれません。

現在、人類をふたたび月に送る「アルテミス計画」が進められています。長期的な月面探査技術を確立して、最終的には有人火星着陸をめざすという壮大な国際プロジェクトです。このプロジェクトには日本も参加します。

アルテミス計画の中では、月を周回する「ゲートウェイ」という宇宙ステーションの建設が予定されています。月有人探査や火星有人飛行のための中継基地として利用する考えです。そしてこのゲートウェイを拠点として、「アルテミス・ベースキャンプ」という月面基地の建設に向けた準備が2030年代からはじめられるといいます。

5-07 宇宙人はいるの？

やっほ～
ただいま～
知らない博士と
宇宙旅行に行ってきたわ
えっ?!
もしかして
宇宙人に
会えた？
会えなかったわ
はぁ…
ゴゴゴゴゴ
でも宇宙の
どこかに宇宙人は
いるはずよ！
やあ！
わしが博士じゃ
太陽系の中にも生命がいる
可能性のある天体があるぞ
どこなの!?

←次のページにつづく

タイタン
エウロパ
エンケラドゥス
まずは火星じゃな それから土星の衛星タイタン①やエンケラドゥス②木星の衛星エウロパ③じゃ
エンケラドゥスやエウロパの地表④には液体の水があるドロ 生命がいるかもドロ

5-07 宇宙人はいるの？

生命見つかるといいわね！
さてドローンくんそろそろ時間だね
お別れの時間ドロ
こそ
こそ
えっハカセ？
?!
ボワン！
どうしたの？
我々の星に帰ることにするよ地球のみんな、元気でな
またドロ〜
ふたりは宇宙人だったの〜〜〜!!!?
あわわ…
え〜

 ①〜④の中に、ウソが一つまじっているよ。どこかわかるかな…？

まちがいは④　液体の水が存在するのは…

地下

太陽系内で地球外生命を育む可能性のある有力な天体の一つが、土星の衛星「タイタン」です。タイタンは大気をもつ衛星で、地表面の気圧は地球の1.5倍ほどです。
　タイタンにはなんと地表面に海があります。ただし、地球の海とはまったくことなり、水ではなく、メタンという物質の海です。地球ではメタンは気体で存在しますが、タイタンの気温はマイナス180℃と非常に低いため、メタンが液体となって

海をつくっているのです。タイタンの大気や海には生命の存在にとって重要な物質がいくつか見つかっています。タイタンは生命が存在する可能性のある天体の有力候補です。
　一方、土星の衛星「エンケラドゥス」と木星の衛星「エウロパ」にも注目が集まっています。どちらも地表面は氷におおわれた天体ですが、その内部には液体の水の海が広がっているようなのです。エンケラドゥスの地表からは細かい氷が吹きだすよ

タイタン
（土星の衛星）
エウロパ
（木星の衛星）
エンケラドゥス
（土星の衛星）
NASA/JPL-Caltech/University ofArizona/University of Idaho,
NASA/JPL/Space Science Institute, NASA

うすが観測されており、地下では水が温められて、生命が誕生しやすい環境がととのっているのではないかと期待されています。

エウロパについては、2024年10月に「エウロパクリッパー」という探査機が打ち上げられ、くわしい調査が行われる予定です。

ナオとニャーのヒソヒソ話

知的生命体はいるの？

私たち人類以外に知能をもった生命体は宇宙にいるのでしょうか？　この問題に、答えをあたえるかもしれない式があります。「ドレイクの方程式」です。この式は、私たちのすむ天の川銀河の中にある、電波で地球と通信ができる技術をもった宇宙文明の数を「N」として、7つの項目のかけ算でNを計算します。

7つの項目を確かめながら、文明をもつ宇宙人について考えてみましょう。

$$N = R_* \times f_p \times n_e \times f_l \times f_i \times f_c \times L$$

N：天の川銀河内にある、電波で通信を行う技術をもつ宇宙文明の数

R*：天の川銀河で1年間に生まれる恒星の数

fp：恒星が1つ以上の惑星をもつ割合

ne：1つの惑星系にある、生命に適した環境をもつ惑星の数

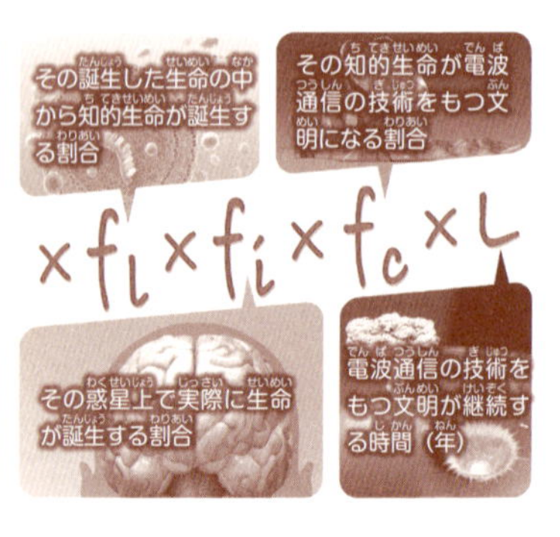
その惑星上で実際に生命が誕生する割合
その誕生した生命の中から知的生命が誕生する割合
その知的生命が電波通信の技術をもつ文明になる割合
電波通信の技術をもつ文明が継続する時間（年）

火星の写真と
エイリアンの
画像を合成して…と
この火星人の画像を
インターネットで
ばらまけば
世界中を混乱に
おとしいれられるぞ!
ワハハ
ワハハハ
カチ
カチ
バタン
そこまでだ!
ライヤー団!!
ばん!
しょうこりも
ないやつらめ
でも
もう遅い
ゴゴゴゴゴ

←次のページにつづく

ククク…
この画像は今インターネットでばらまかれ…
あの～～…
ウソさま～全然話題になっていません…
ぱっ
なぜだ！
どれどれ？
カチカチ
カチ
ってさすがにこの画像では誰もだまされないだろ
へたくそ～!!
宇宙人発見!!
くっそー！画像編集はむずかしい!!!!
退散だ!!
ドロン
あ…
みてこれ
どうみてもニセモノニャ
ガーン

え〜と…
今回も任務成功？
見て見て〜
俺の方が加工うまい！
かっこいい〜！
ニャーも宇宙を飛ばしてほしいニャ〜
おわりじゃ

マンガ

アヤカワ	1-4, 141-143
マツイクミ	11〜137

イラスト

15〜140	Newton Press

写真

22	NASA/Johns Hopkins University Applied Physics Laboratory/ Carnegie Institution of Washington
24	NASA/JPL
26	NASA/NOAA GOES Project
29	NASA
32-33	NASA/JPL-CALTECH/MSSS
35	NASA/JPL
36	NASA/JPL/USGS
38-39	NASA/JPL-Caltech/SwRI/MSSS/Kevin M. Gill
42-43	NASA/JPL-Caltech/SSI/Cornell
44	NASA/JPL
50	NASA/JHUAPL/SwRI
60-61	NASA, ESA and AURA/Caltech
64-65	NASA, ESA and the Hubble Heritage Team (STScI/AURA)
66	ESO
68-69	The Hubble Heritage Team (STScI/AURA)
72-73	NASA, ESA and J. DePasquale (STScI) and R. Hurt (Caltech/IPAC)
88	ESO/B. Tafreshi (twanight.org)
97	EHT Collaboration
120	NASA, NASA/Northrop Grumman
124-125	NASA
128-129	NASA
139	NASA/JPL-Caltech/University ofArizona/University of Idaho, NASA/JPL/Space Science Institute, NASA

［監修］

縣 秀彦／あがた・ひでひこ

国立天文台准教授、総合研究大学院大学准教授、博士（教育学）。1961年、長野県生まれ。東京学芸大学大学院教育学研究科理科教育専攻修了。専門は、科学教育、科学コミュニケーション。

［スタッフ］

編集マネジメント　中村真哉
編集　井上達彦
組版　髙橋智恵子
誌面デザイン　岩本陽一
カバー・表紙デザイン　宇都木スズムシ＋長谷川有香（ムシカゴグラフィクス）
キャラクターマンガ　アヤカワ
マンガ　マツイクミ

マコト★カガク研究団
宇宙

2025年4月20日　発行
発行人　松田洋太郎
編集人　中村真哉
発行所　株式会社ニュートンプレス
〒112-0012　東京都文京区大塚3-11-6
https://www.newtonpress.co.jp
電話　03-5940-2451

ISBN 978-4-315-52909-8